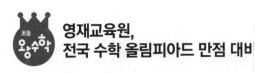

영재교육원,
전국 수학 올림피아드 만점 대비

올림피아드 왕수학

왕수학연구소
소장 **박 명 전**

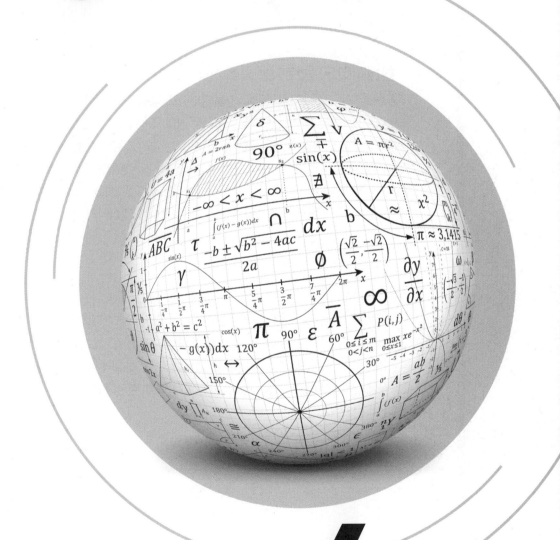

4학년

현대 사회는 창조적 사고 능력을 갖춘 인재를 요구합니다. 한 분야의 지식, 기술만 익혀 그것을 삶의 방편으로 삼아 왔던 기능주의 시대는 가고, 이제는 여러 분야에 걸친 통합적 지식과 창의적인 발상을 중시하는 차원 높은 과학 시대에 돌입한 것입니다. 더욱이 오늘날 세계 각국은 21세기를 맞이하여 영재의 조기 발견과 육성에 많은 노력을 기울이고 있습니다. 세계적인 수학 교육의 추세가 창의력과 사고력 중심으로 변하고 있는 것에 맞추어 우리나라의 수학 교육의 방향도 문제를 해결하면서 창의적 사고와 융합적 합리적 사고가 계발되도록 변하고 있습니다.

올림피아드 왕수학은 바로 이러한 교육환경의 변화에 맞춰 학생 여러분의 수학적 사고력과 창의력을 기르고 수학경시대회와 올림피아드 대회에 대비하여 새롭게 꾸민 책입니다. 저자는 지난 18년 동안 교육일선에서 수학을 지도한 경험, 10여년에 걸친 경시반 운영 경험, 왕수학연구소에서 세계 각국의 영재교육 프로그램을 탐독하고 지도한 경험 등을 총망라하여 이 책의 집필에 정성을 다하였습니다. 11년 동안 연속 수학왕 지도 교사의 영예를 안은 저자가 펴낸 올림피아드 왕수학을 통하여 학생들의 수리적인 두뇌가 최대한 계발되도록 하였으며 이 책으로 공부한 학생이라면 어떤 수준의 어려운 문제라도 스스로 해결할 수 있도록 하였습니다.

올림피아드 왕수학은 아울러 여러분의 창조적 문제해결력과 종합적 사고 능력의 향상에도 큰 효과를 거둘 수 있도록 하였으며 수학경시대회에 참가할 여러분에게는 최고의 경시대회 대비문제집이 되는 동시에 지도하시는 선생님께는 최고의 지도서가 될 것입니다. 또한 이 책은 국내 및 국제 수학경시대회에 참가하여 자신의 실력을 평가하고 훌륭한 성과를 얻는 데 크게 도움이 될 것입니다.

Problem solving...

　주어진 문제를 해결할 수 있다는 것은 문제를 이해함과 동시에 어떤 전략으로 문제해결에 접근하느냐에 따라 쉽게 또는 어렵게 풀리며 경우에 따라서는 풀 수 없게 됩니다. 주어진 상황이나 조건에 따라 문제해결전략을 얼마든지 바꾸어 해결하도록 노력해야 합니다.

1 문제의 이해

문제를 처음 대하였을 때 무엇을 묻고 있으며, 주어진 조건은 무엇인지를 정확하게 이해합니다.

2 문제해결전략

주어진 조건을 이용하여 어떻게 문제를 풀 것인가 하는 전략(계획)을 세웁니다.

3 문제해결하기

자신이 세운 전략(계획)대로 실제로 문제를 풀어 봅니다.

4 확 인 하 기

자신이 해결한 문제의 결과가 맞는지 확인하는 과정을 거쳐야 합니다.

예상문제

예상문제 15회를 푸는 동안 창의력과 수학적 사고력을 증가시킬 수 있고, 끝까지 최선을 다한다면 수학왕으로 가는 길을 찾을 수 있을 것입니다.

기출문제

이전의 수학왕들이 풀어 왔던 기출문제를 한 문제 한 문제 풀어 보면 수학의 깊은 맛과 재미를 느낄 수 있을 것입니다.

Contents

차례

4 학년

정 답 과 풀 이

《

예상
문
제

올림피아드

1 3945000보다 크고 4000000보다 작은 자연수 중에서 만의 자리 숫자가 6이고 백의 자리 숫자가 8인 수는 모두 몇 개인지 구하시오.

2 어떤 동화책에 쪽수가 1쪽에서 240쪽까지 적혀 있을 때, 숫자 5가 적혀 있는 쪽은 모두 몇 쪽입니까?

3 ㄱ과 ㄴ이 서로 다른 숫자를 나타낼 때, ㄱ과 ㄴ의 합을 구하시오.

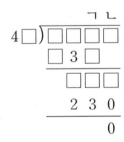

4 300에서 어떤 수를 12로 나눈 몫을 빼는 계산에서 잘못하여 어떤 수를 21로 나누었더니 몫이 105이고 나머지가 3이었습니다. 바르게 계산한 값을 구하시오.

5 한솔이는 오른쪽과 같은 과녁에 6개의 화살을 쏘아 모두 맞혔습니다. 한솔이가 얻을 수 있는 점수들의 총합을 구하시오.

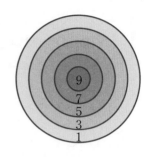

6 가로가 30 cm, 세로가 20 cm인 직사각형 모양의 종이를 그림과 같이 2 cm씩 겹치게 이어서 띠를 만들려고 합니다. 직사각형 모양의 종이를 몇 장 이으면 띠의 길이가 450 cm가 되겠습니까?

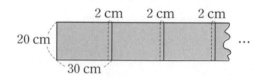

7 차가 358인 두 수가 있습니다. 큰 수를 작은 수로 나누면 몫이 15이고 나머지가 8입니다. 이러한 두 수 중에서 큰 수를 구하시오.

8 동민이와 친구들이 줄넘기를 한 횟수를 조사하여 나타낸 꺾은선그래프입니다. 줄넘기를 가장 많이 한 횟수와 가장 적게 한 횟수의 차가 가장 적은 사람은 누구입니까?

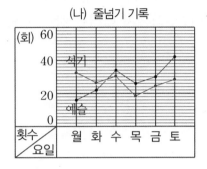

9 오른쪽 그림과 같은 도형에서 각 ㉠, 각 ㉡, 각 ㉢, 각 ㉣, 각 ㉤, 각 ㉥의 크기의 합은 몇 도입니까?

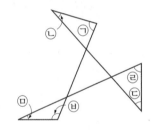

10 모양 ㉮를 시계 반대 방향으로 90°만큼 ▲번 돌린 후 아래쪽으로 ■번 뒤집었더니 모양 ㉯가 되었습니다. ▲가 될 수 있는 가장 작은 두 자리 수를 ㉠, ■가 될 수 있는 가장 큰 두 자리 수를 ㉡이라 할 때, ㉠+㉡의 값을 구하시오.

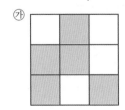

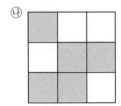

11 열차의 한 칸에는 210명이 탈 수 있다고 합니다. 처음 출발지에서 빈 열차로 출발하여 열차의 한 칸에 첫 번째 역에서 승객 1명을 태우고, 두 번째 역에서 승객 2명을 태우고, 세 번째 역에서 승객 3명을 태운다면 몇 번째 역을 지나야 그 칸에 승객이 가득 차겠습니까? (단, 역에서 내리는 사람은 없습니다.)

12 인쇄소에서 어떤 책의 쪽수를 인쇄하는데 999개의 숫자를 찍어야 한다고 합니다. 이 책의 첫째 쪽이 1쪽이라면 이 책은 모두 몇 쪽입니까?

13 같은 모양은 같은 숫자를 나타낼 때, ■, ▲, ◐, ★이 나타내는 숫자의 합을 구하시오.
(단, ■ > ▲)

$$■■ × ▲▲ = ◐◐★★$$

14 영수네 모둠 학생들의 학교와 집 사이의 거리를 나타낸 막대그래프입니다. 영수는 학교에서 집까지 가는데 25분이 걸립니다. 상연이가 영수와 같은 빠르기로 집에서 출발하여 학교를 지나서 예슬이네 집으로 갔을 때, 걸린 시간은 몇 분입니까?

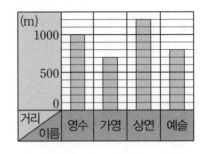

15 오른쪽 그림에서 직선 가와 나는 서로 평행합니다. 각 ㉠, ㉡, ㉢, ㉣, ㉤, ㉥의 각도의 합을 구하시오.

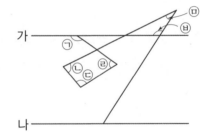

16 어떤 수에 $5\frac{2}{9}$ 를 더하면 $3\frac{4}{9}$ 의 4배가 됩니다. 이때 어떤 수를 $㉠\frac{㉢}{㉡}$ 이라고 할 때 ㉠＋㉡＋㉢의 값을 구하시오.

17 그림과 같이 직각인 이등변삼각형 ㄱㄴㄷ을 선분 ㅁㄷ의 길이가 5 cm 되는 곳에서 접었을 때, 각 ㉠과 각 ㉡의 크기의 합을 구하시오.

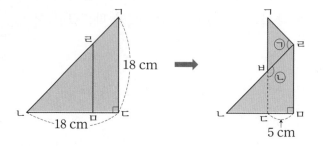

18 오른쪽 도형에서 삼각형 ㄹㅁㅂ과 삼각형 ㄱㄴㄷ이 이등변삼각형일 때, 각 ㉠과 각 ㉡의 크기를 각각 구하시오.

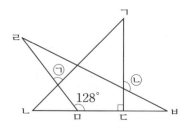

19 오른쪽 소수의 덧셈에서 ㉠, ㉡, ㉢, ㉣은 서로 다른 숫자입니다. 식을 만족시키는 ㉠, ㉡, ㉢, ㉣에 알맞은 숫자를 모두 찾았을 때, ㉠+㉡+㉢+㉣의 값이 가장 큰 수는 얼마입니까?

$$
\begin{array}{r}
㉠.㉡ \\
㉠.㉡ \\
+\ ㉠.㉡ \\
\hline
㉢㉢.㉣
\end{array}
$$

20 오른쪽 도형에서 각 ㉠의 크기를 구하시오.

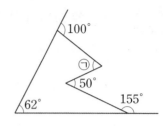

21 두 개의 원이 만나면 한 개의 점 또는 두 개의 점에서 만납니다. 한 개의 점에서 만날 때는 2부분으로 나누어지고 두 개의 점에서 만날 때는 3부분으로 나누어집니다. 10개의 원이 만난다면, 최대한 몇 부분으로 나누어지겠습니까?

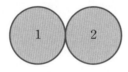 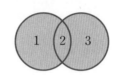

22 어떤 그릇에 물을 가득 채우고 무게를 재었더니 22 kg이었습니다. 첫째 날 전체의 $\frac{1}{5}$ 을 쓰고, 둘째 날 나머지의 반을 사용한 후 무게를 재었더니 10 kg이었습니다. 그릇만의 무게는 몇 kg입니까?

23 오른쪽 그림에서 각 ㄱ부터 각 ㅍ까지의 크기의 합을 구하시오.

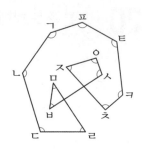

24 정팔각형에서 찾을 수 있는 180°보다 작은 모든 각의 합을 ㉠°이라 하고, 그을 수 있는 모든 대각선의 개수를 ㉡개라 할 때 ㉠+㉡의 값을 구하시오.

25 오른쪽 그림과 같은 규칙으로 소수를 써갈 때 10번째 줄의 왼쪽에서 5번째 수와 15번째 줄의 왼쪽에서 5번째 수의 합을 구하시오.

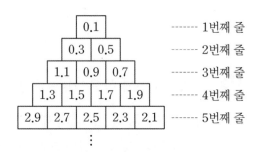

올림피아드 예상문제

1 다음 ☐ 안에 숫자를 써넣어 5억 5천만보다 크고 8억 5천만보다 작은 수를 만들려고 합니다. 만들 수 있는 수는 모두 몇 개입니까?

$$\boxed{}853\boxed{}2785$$

2 $1 \times 2 \times 3 \times 4 \times \cdots \times 1999$를 계산한 값의 일의 자리의 숫자는 무엇입니까?

3 자연수 A와 B를 더한 후 3으로 나누면 그 값은 B를 두 번 곱한 값과 같고, B는 A의 $\frac{1}{8}$입니다. A와 B를 각각 구하시오.

4 석기, 예슬, 한별, 가영이가 달리기 시합을 하고 있습니다. 석기는 한별이보다 1.32 m 뒤떨어져 있고, 가영이보다 2.51 m 뒤떨어져 있습니다. 가영이가 예슬이보다 0.68 m 앞서 있을 때, 예슬이는 한별이보다 몇 m 앞서 달리고 있습니까?

5　100보다 큰 자연수 중에서 23으로 나누었을 때, 몫과 나머지가 같은 수는 몇 개 있습니까?

6　$4 \times 6 = 24$, $14 \times 16 = 224$, $24 \times 26 = 624$, $34 \times 36 = 1224$입니다. 10004×10006의 값을 구하시오.

7　보기 의 규칙을 이용하여 다음 식을 계산하시오. (단, a^*은 $a \times a$를 나타냅니다.)

> 보기
>
> $69997 \times 70003 = (70000 - 3) \times (70000 + 3)$
> $= 70000^* - 3^*$
> $= 4900000000 - 9$
> $= 4899999991$

$$\frac{98765432}{987654321^* - 987654320 \times 987654322}$$

8 오른쪽 그래프는 유승이네 학교 4학년 학생들의 수학 시험 점수별 학생 수를 조사하여 나타낸 막대그래프입니다. 수학 시험 문제는 모두 3문제이고, 1번 문제는 10점, 2번 문제는 20점, 3번 문제는 30점입니다. 4학년 학생들이 맞힌 문제가 모두 81문제일 때 두 문제만 맞힌 학생은 모두 몇 명입니까?

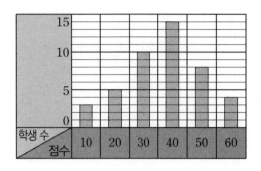

9 그림에서 찾을 수 있는 크고 작은 삼각형은 모두 몇 개입니까?

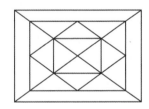

10 그림에서 찾을 수 있는 크고 작은 직사각형은 모두 몇 개입니까?

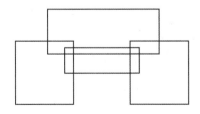

11 오른쪽 도형에서 선분 ㄱㄴ과 선분 ㄱㄷ의 길이, 선분 ㄹㄱ과 선분 ㄹㄴ의 길이는 각각 같습니다. 각 ㉠의 크기를 구하시오.

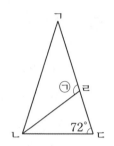

12 직선 가와 직선 나가 평행할 때, 각 ㉠과 각 ㉡의 크기의 차를 구하시오.

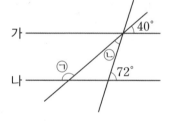

13 오른쪽 그림은 큰 직사각형을 똑같은 작은 직사각형 10개로 나눈 다음 큰 직사각형의 네 꼭짓점을 이어 대각선을 그은 것입니다. 그림에서 찾을 수 있는 크고 작은 모든 예각과 둔각의 개수의 차를 구하시오.

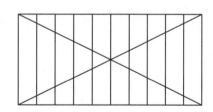

14 오른쪽 그림에서 각 ㉠과 각 ㉡의 크기를 각각 구하시오.

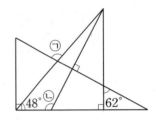

15 오른쪽 그림에서 각 ㄱㄴㅇ과 각 ㅇㄴㄷ의 크기가 같고, 각 ㄱㄷㅇ과 각 ㅇㄷㄴ의 크기가 같습니다. 각 ㉠의 크기를 구하시오.

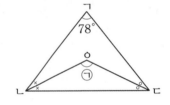

16 $\dfrac{㉠}{25}+\dfrac{㉡}{25}+\dfrac{㉢}{25}=1$일 때 ㉠, ㉡, ㉢에 들어갈 수 있는 자연수의 묶음을 (㉠, ㉡, ㉢)으로 나타낼 때, 나타낼 수 있는 방법은 모두 몇 가지입니까? (단, ㉠<㉡<㉢입니다.)

17 1번부터 300번까지 번호를 붙인 300명의 어린이가 일정한 간격으로 둘러 앉아 원 모양을 만들었습니다. 188번 어린이와 마주 보고 앉은 어린이의 번호는 몇 번입니까?

18 상연이가 가지고 있는 돈의 $\frac{1}{5}$과 효근이가 가지고 있는 돈의 $\frac{3}{8}$이 같고, 두 사람이 가지고 있는 돈의 차는 5600원입니다. 상연이와 효근이가 가지고 있는 돈의 합을 구하시오.

19 385개의 구슬을 동민, 규형, 한초가 나누어 가지려고 합니다. 규형이는 동민이보다 3개 더 적게, 한초는 규형이보다 7개 더 많게 가지려면 세 사람은 각각 몇 개씩 가져야 합니까?

20 다음과 같은 숫자 카드가 한 장씩 있습니다. 이 숫자 카드 중 3장을 골라 한 번씩만 사용하여 만든 세 자리 수를 ㉮라고 하고 ㉮를 오른쪽으로 뒤집어서 만든 수를 ㉯라고 할 때, ㉮와 ㉯의 합이 가장 클 때의 합을 구하시오.

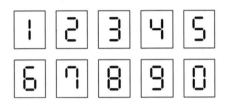

21 음료수를 생산하는 공장에서 300 mL들이 음료수를 30분에 690병씩 생산한다고 합니다. 520.15 L로는 몇 병의 음료수를 만들 수 있으며, 최소한 몇 시간 몇 분이 걸리겠습니까?

22 들이가 100 L인 물통에 처음에는 굵기가 다른 A, B 2개의 관을 동시에 열어서 물을 넣다가 도중에 A관을 잠그고 B관만 사용하여 물을 넣었습니다. 다음 그래프는 물을 넣기 시작해서부터 시간과 물의 양과의 관계를 나타낸 것입니다. 물을 넣기 시작해서부터 몇 분 후에 물이 가득 찼습니까?

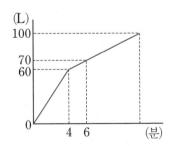

23 어떤 과학 실험을 하는 데 1차 관찰을 오전 10시 정각에 한 후 3시간마다 한 번씩 관찰을 해야 한다고 합니다. 25차 관찰을 할 때, 시계의 짧은바늘과 긴바늘이 이루는 작은 쪽의 각은 몇 도입니까?

24 물이 ㉮에는 800 L, ㉯에는 300 L 들어 있습니다. 물을 동시에 ㉮에서 1분에 3 L씩 퍼내고, ㉯에 1분에 4 L씩 넣을 때, ㉯의 물이 ㉮의 물보다 60 L 더 많게 되는 때는 몇 분 후입니까?

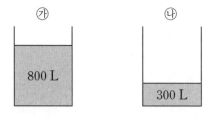

25 형은 1분에 80 m를 가는 빠르기로 집에서 출발하여 학교로 향했습니다. 형이 집을 나선 지 5분 후에 동생은 자전거를 타고 1분에 120 m를 가는 빠르기로 집에서 출발하여 형과 동시에 학교에 도착하였습니다. 집에서 학교까지의 거리는 몇 m입니까?

올림피아드 예상문제

1 다음의 수를 모두 쓰려면 숫자 9는 몇 번 써야 합니까?

> ㉠ 100만보다 1 작은 수
>
> ㉡ 1000만보다 11 작은 수
>
> ㉢ 1조보다 111 작은 수

2 85로 나누어떨어지는 세 자리의 자연수가 있습니다. 이 자연수의 각 자리의 숫자의 합이 19일 때, 이 자연수를 구하시오.

3 오른쪽은 세 자리 수와 두 자리 수의 곱셈을 나타낸 것입니다. ㄱ, ㄴ, ㄷ, …, ㅇ은 0부터 9까지의 숫자 중 하나로 각각 다른 숫자를 나타냅니다. 각각의 기호에 알맞은 숫자를 구하시오.

```
      ㄱ ㄴ ㄷ
  ×     ㄱ ㄷ
  ─────────────
      ㄹ ㄷ ㅁ ㄱ
    ㅂ ㄱ ㅅ ㄷ
  ─────────────
    ㅂ ㅇ ㄹ ㅇ ㄱ
```

4 □ 안에 1, 3, 5, 7, 9의 숫자를 하나씩 넣어 몫이 20보다 크고 30보다 작은 나눗셈식을 만들려고 합니다. 이때 만들 수 있는 식은 모두 몇 개입니까?

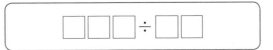

5 오른쪽 도형에서 찾을 수 있는 크고 작은 정삼각형은 모두 몇 개입니까?

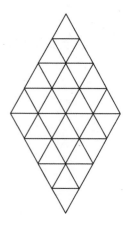

6 3개의 점을 꼭짓점으로 하여 만들 수 있는 이등변삼각형은 모두 몇 개입니까?

7 크기가 같은 정사각형 세 개를 오른쪽 그림과 같이 겹쳐 놓았습니다. 각 ㉠의 크기는 몇 도입니까?

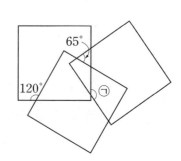

8 오른쪽 그림에서 직선 가와 직선 나는 평행합니다. 각 ㄱㄷㅁ과 각 ㅁㄷㄹ, 각 ㄷㄹㅁ과 각 ㅁㄹㄴ의 크기가 각각 같을 때, 각 ㄷㅁㄹ의 크기를 구하시오.

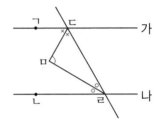

9 오른쪽 그림과 같이 삼각형 모양의 종이를 선분 ㄹㅁ을 접는 선으로 하여 접었습니다. 이때 각 ㉠과 각 ㉡의 크기의 차를 구하시오.

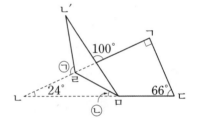

10 오른쪽 그림에서 같은 기호는 같은 각도를 나타냅니다. 각 ㄱ의 크기는 60°, 각 ㄴ은 각 ㄷ의 크기보다 20° 작을 때, 각 ㄱㅇㄷ의 크기를 구하시오.

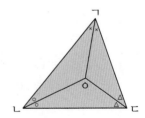

11 ㉮ 마을과 ㉯ 마을의 연도별 딸기 생산량을 조사하여 나타낸 막대그래프입니다. 두 마을에서 생산된 딸기는 모두 판매되었고 딸기 1 kg의 판매 가격이 연도에 관계없이 14000원이라고 할 때 판매한 금액의 차가 가장 큰 해의 판매 금액의 차는 □만 원이라고 합니다. 이때 □ 안에 알맞은 수를 구하시오.

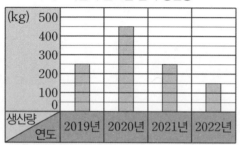

㉮ 마을의 연도별 딸기 생산량

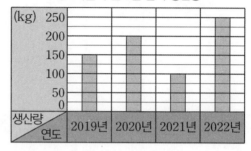

㉯ 마을의 연도별 딸기 생산량

12 그림은 위쪽에 정삼각형, 아래쪽에 정사각형 모양으로 바둑돌을 놓은 것입니다. 152째 번 도형의 둘레에 놓인 바둑돌의 개수는 몇 개입니까?

13 다음 수는 어떤 규칙에 따라 화살표 방향으로 돌고 있습니다. 규칙을 찾아 □ 안에 알맞은 수를 써넣으시오.

16	← 4	← 20	← 42
↓			↑
37	→ □	→ 89	→ 145

14 그림처럼 ㄹ모양을 세로로 1번, 2번, 3번, …을 자르면 4도막, 7도막, 10도막, …으로 나누어집니다. 이와 같은 방법으로 세로로 50번 자르면 몇 도막으로 나누어지겠습니까?

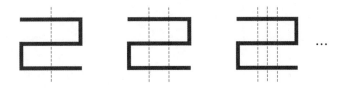

15 그림과 같이 ㉮지점에서 ㉯지점까지 8 m 간격으로 깃발을 300개 꽂았습니다. 동민이가 첫째 번 깃발을 뽑고, 계속해서 24 m마다 깃발을 한 개씩 뽑았을 때, ㉯지점에 도착할 때까지 뽑은 깃발의 개수는 모두 몇 개입니까?

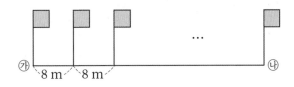

16 가 물통에는 240 L, 나 물통에는 180 L의 물이 들어 있습니다. 가 물통에서 1분에 25 L씩, 나 물통에서 1분에 13 L씩 물을 퍼낸다면, 몇 분 후에 두 물통에 남아 있는 물의 양이 같아지겠습니까? (단, 물은 동시에 퍼내기 시작합니다.)

17 □는 모두 같은 수입니다. □에 알맞은 수를 구하시오.

$$\frac{1}{\square}+\frac{2}{\square}+\frac{3}{\square}+\cdots+\frac{\square-2}{\square}+\frac{\square-1}{\square}=100$$

18 아버지와 어머니와 나와 동생의 나이의 합은 100살이고, 아버지는 어머니보다 2살이 더 많으며, 나와 동생은 4살 차이가 납니다. 또, 아버지와 어머니의 연세의 합은 나와 동생의 나이의 합의 4배입니다. 아버지의 연세와 동생의 나이를 각각 구하시오.

19 빈칸에 숫자를 한 개씩 써넣어 12자리의 수를 만들려고 합니다. 만든 12자리 수에서 서로 이웃하는 세 숫자의 합이 항상 20이라고 할 때, 만의 자리의 숫자를 구하시오.

7											8

20 6명이 같이 하면 20일 걸리는 일이 있습니다. 처음에 6명이 함께 일을 시작했는데 도중에 2명이 휴가를 떠나 4명만 일을 했더니 22일 만에 끝났습니다. 6명이 함께 일을 한 날은 며칠입니까? (단, 한 사람이 하루에 하는 일의 양은 일정합니다.)

21 어느 학교의 4학년 남학생은 4학년 전체의 $\frac{4}{7}$보다 12명이 적고, 4학년 여학생은 4학년 전체의 $\frac{2}{7}$보다 61명이 많습니다. 4학년 전체 학생 수를 구하시오.

22 예슬이는 42500원을 가지고 한 개에 3250원 하는 배와 한 개에 1800원 하는 사과를 합하여 15개를 사려고 합니다. 배는 최대한 몇 개 살 수 있습니까?

23 효근이가 할머니댁에 갈 때는 버스를 타고 48분 걸렸고, 돌아올 때는 버스를 타기도 하고 걷기도 하여 1시간 걸렸습니다. 버스를 타는 것이 걷는 것보다 5배 빠르다면, 돌아올 때 걸은 시간은 몇 분입니까?

24 다음과 같은 숫자를 사용하여 세 자리 수를 만든 후 거울에 비추었을 때 항상 세 자리 수가 되는 수는 모두 몇 개입니까?

$$0123456789$$

25 오른쪽 그래프는 150 L들이 수조에 계속 일정한 양의 물을 넣으면서 도중에 15분 동안 1분에 6 L씩 물을 빼냈을 때, 물의 양과 시간의 관계를 나타낸 것입니다. ㉠과 ㉡에 알맞은 수를 각각 구하시오.

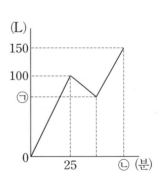

올림피아드 예상문제

1 수직선에서 ㉠의 일억의 자리의 숫자가 나타내는 값은 ㉡의 천만의 자리 숫자가 나타내는 값의 몇 배입니까?

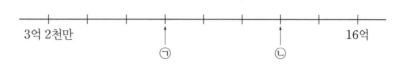

2 21＋22＋23＋24＋25＋27＋29를 계산할 때, ＋ 기호를 한 개 빠뜨려서 네 자리 수로 계산하여 합이 2547이 되었습니다. 빠뜨린 ＋ 기호는 어느 수의 앞입니까?

3 1에서 100까지의 자연수를 작은 수부터 차례로 나열하였습니다. 이때 나열된 각 자리의 숫자들의 합은 얼마입니까?

4 오른쪽 빈칸에 적당한 수를 써넣어 가로의 합, 세로의 합, 대각선의 합이 모두 같도록 만들 때, ㉠에 알맞은 수를 구하시오.

$2\frac{1}{4}$		$3\frac{1}{4}$
	㉠	
$4\frac{1}{4}$	$1\frac{3}{4}$	

5 하루에 $3\frac{7}{12}$분씩 늦게 가는 시계가 있습니다. 이 시계를 1월 1일 낮 12시에 정확히 맞추어 놓았다면 같은 해 1월 15일 낮 12시에 가리키는 시각은 ㉠시 ㉡분 ㉢초입니다. 이때 ㉠＋㉡＋㉢의 값을 구하시오.

6 삼각형 ㄱㄴㄷ 안에 180°보다 작은 각은 모두 몇 개 있습니까?

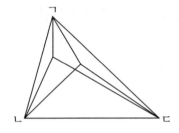

7 정사각형 ㄱㄴㄷㄹ과 정삼각형 ㄴㅇㄷ이 있습니다. 각 ㉠의 크기는 각 ㄱㅇㄴ의 크기의 몇 배입니까?

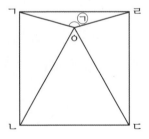

8 그림과 같이 삼각형에서 각 ㉠과 각 ㉡의 크기의 합은 각 ㉢의 크기와 같습니다. 이등변삼각형 ㄹㅁㅂ의 3개의 각의 크기의 합은 각 ㅁㄹㅂ의 크기의 몇 배입니까?

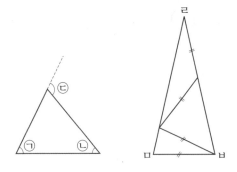

9 오른쪽 그림에서 점 4개를 꼭짓점으로 하는 정사각형을 몇 개 만들 수 있겠습니까?

10 다음 막대그래프는 효근이네 학교에서 아침 운동을 한 학생 수를 요일별로 조사하여 나타낸 것입니다. 일주일 동안 아침 운동을 한 전체 학생은 708명이고, 토요일에 아침 운동을 한 학생은 일요일에 아침 운동을 한 학생보다 24명 더 많습니다. 토요일에 아침 운동을 한 학생은 몇 명입니까? (단, 학생들은 일주일 중 하루씩만 아침 운동을 했습니다.)

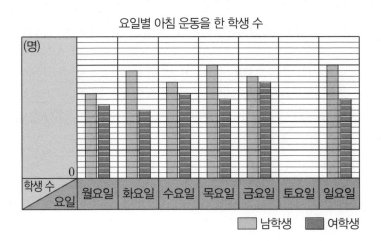

요일별 아침 운동을 한 학생 수

11 한초네 학교에서는 반별 합창대회를 열어 상품으로 연필을 주기로 하였습니다. 1등한 반에는 2등의 2배보다 9자루 더 많이 주고, 2등한 반에는 3등의 2배를 줍니다. 상품으로 줄 연필은 114자루이고 1, 2, 3등은 각각 한 반씩이라면 1등한 반과 2등한 반에 줄 연필 수의 차는 몇 자루입니까?

12 다음과 같은 숫자 카드가 한 장씩 있습니다. 이 숫자 카드 중 4장을 골라 한 번씩만 사용하여 만든 네 자리 수를 ㉮라 하고, ㉮를 시계 방향으로 180°만큼 돌려서 생기는 수를 ㉯라고 할 때 ㉮와 ㉯의 차 중에서 가장 작은 값을 구하시오.

13 어떤 음료수 회사에서 빈 병 4개를 가져오면 음료수 1병을 주는 서비스를 하고 있습니다. 예를 들어, 음료수 5병을 사면 4병을 마신 다음 빈 병 4개를 주고 또 음료수 1병을 받을 수 있으므로 모두 6병의 음료수를 마시고 2개의 빈 병이 남습니다. 물음에 답하시오.

(1) 처음에 음료수 10병을 사면 모두 몇 병을 마실 수 있습니까?

(2) 처음에 음료수 몇 병을 사야 모두 50병을 마실 수 있겠습니까? 또, 마지막에 남는 빈 병은 몇 개입니까?

14 다음 규칙과 같이 어떤 수 □를 7로 나누었을 때의 나머지를 <□>로 나타내기로 하였습니다. 이때 <50>＋<52>＋<54>＋…＋<㉠>의 값이 200이 될 때의 ㉠은 얼마입니까?

> **규칙**
> <20>＝6, <25>＝4, <35>＝0

15 바닥이 평평한 연못에 길이가 각각 다른 세 개의 막대 ㉮, ㉯, ㉰를 바닥에 닿게 똑바로 세웠더니 ㉮는 전체의 $\frac{1}{4}$만큼, ㉯는 전체의 $\frac{1}{5}$만큼, ㉰는 전체의 $\frac{1}{6}$만큼 물에 잠겼습니다. 세 막대의 길이의 합이 $13\frac{1}{8}$ m일 때 연못의 깊이를 $\frac{㉡}{㉠}$ m라 하면 ㉠＋㉡의 최솟값은 얼마입니까?

16 삼각형 ㄱㄴㄷ과 삼각형 ㄹㄷㅁ은 모양과 크기가 같은 이등변삼각형입니다. 변 ㄴㄷ을 늘여 변 ㅁㄹ과 만나는 점을 점 ㅂ이라 할 때, 각 ㄷㅂㅁ의 크기를 구하시오.

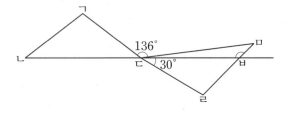

17 다음 식을 만족하는 두 자리 자연수 ㉠, ㉡에 대하여 ㉠+㉡의 최댓값과 최솟값의 차를 구하시오.

$$2 \times ㉠ + 5 \times ㉡ = 103$$

18 다음 그림과 같이 변의 길이가 같은 정사각형 모양의 종이 2장과 정삼각형 모양의 종이 2장이 있습니다. 이 4장의 종이를 변끼리 완전히 겹치도록 평면에 놓을 때, 서로 다른 모양은 몇 가지입니까? (단, 돌리거나 뒤집어서 같아지는 것은 하나로 봅니다.)

19 40명의 학생 중에서 대표를 한 사람 뽑는데 A, B, C 세 사람이 입후보하여 투표로 정하기로 하였습니다. 어느 사람이든 한 표씩 투표하고 기권이나 무효표는 없습니다. 20표까지 개표했을 때, A는 7표, B는 5표, C는 8표를 얻었습니다. 세 후보 중에서 가장 득표 수가 많은 사람을 대표로 정한다면 B는 앞으로 몇 표만 더 얻으면 대표가 되겠습니까?

20 다음은 5명의 어린이가 사다리타기 게임을 한 결과입니다. 모두가 자신이 정한 바로 아래가 되었다면 가로선은 최소한 몇 개가 필요합니까? (단, 모든 세로선 사이에는 최소한 한 개의 가로선이 있습니다.)

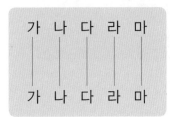

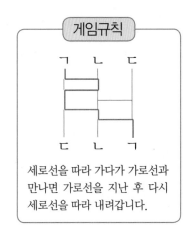

게임규칙

세로선을 따라 가다가 가로선과 만나면 가로선을 지난 후 다시 세로선을 따라 내려갑니다.

21 예슬이와 친구들 4명은 일정한 권수의 책을 돌려 가면서 읽습니다. 친구들이 서로 빌려 준 책과 빌린 책의 수는 표와 같고, 예슬이는 4명의 친구로부터 모두 같은 수만큼 책을 빌렸다면 예슬이가 빌려준 책은 몇 권입니까?

	빌려준 책(권)	빌린 책(권)
가영	5	2
한초	5	3
동민	2	3
지혜	1	2
예슬	?	?

22 그림과 같이 한 변에 놓인 동전의 수가 4개인 정삼각형을 만듭니다. 이것의 모양을 거꾸로 나타내려면, 최소한 동전 3개를 움직여야 합니다. 한 변에 놓인 동전의 수가 6개인 정삼각형일 때는 최소한 동전 몇 개를 움직여야 모양을 거꾸로 나타낼 수 있습니까?

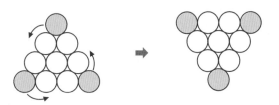

23 그림에는 규칙에 따라 숫자가 쓰여 있습니다. ㉠, ㉡, ㉢, ㉣에 알맞은 수를 각각 구하시오.

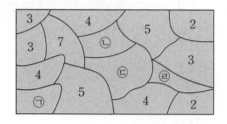

24 정사각형 모양의 마루에 크기가 같은 정사각형 모양의 타일을 깔려고 합니다. 대각선을 검정 타일로 깔고 나머지는 흰 타일로 깔았습니다. 검정 타일을 121장 사용했다면 전체 사용된 타일의 수는 몇 장입니까?

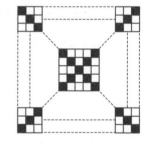

25 66×64와 27×23을 계산하는 데에 다음과 같은 방법이 있습니다. 66×64의 경우에 대하여 이 계산 방법이 올바르다고 알 수 있게 오른쪽 그림의 타일을 변경하시오. 또, 이 계산을 이용할 수 있는 두 자리 수끼리의 곱셈은 모두 몇 가지가 있습니까?

(단, ㉮×㉯와 ㉯×㉮는 같은 곱셈식으로 생각합니다.)

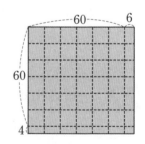

$$
\begin{array}{r}
6\ 6 \\
\times\quad 6\ 4 \\
\hline
4\ 2\ 2\ 4
\end{array}
\qquad
\begin{array}{r}
2\ 7 \\
\times\quad 2\ 3 \\
\hline
6\ 2\ 1
\end{array}
$$

$6\times(6+1)\quad 6\times4 \qquad\qquad 2\times(2+1)\quad 7\times3$

1 다음 조건을 모두 만족하는 자연수는 몇 개입니까?

> ㉠ 5800억보다 큰 수입니다.
> ㉡ 5900억보다 작은 수입니다.
> ㉢ 각 자리의 숫자의 합이 30인 수입니다.
> ㉣ 십억의 자리 숫자와 일억의 자리 숫자의 합은 16입니다.

2 곱이 728이고, 합이 28인 3개의 자연수가 있습니다. 이 3개의 자연수를 작은 수부터 쓰시오.

3 $1 \times 2 \times 3 \times 4 \times \cdots \times 11 \times 12$를 차례로 3으로 나누어 갈 때, 몇 번째로 나눌 때 처음으로 나머지가 생기겠습니까?

4 $A \times B = 36$, $B \times C = 54$, $B \div D = 72$라고 할 때, $A \times B \times C \times D$의 값을 구하시오.

5 기호 ☆은 다음과 같은 성질을 가지고 있습니다. $(\square ☆2)☆3=1334$에서 $\square$ 안에 알맞은 수를 구하시오.

$$2☆1=2+1$$
$$4☆3=4\times4\times4+3$$
$$6☆4=6\times6\times6\times6+4$$

6 보기를 보고, 규칙을 찾아 다음을 계산하시오.

> **보기**
> $$1\times1\times1+2\times2\times2=9 \Rightarrow (1+2)\times(1+2)=9$$
> $$1\times1\times1+2\times2\times2+3\times3\times3+4\times4\times4=100$$
> $$\Rightarrow (1+2+3+4)\times(1+2+3+4)=100$$

$$1\times1\times1+2\times2\times2+3\times3\times3+4\times4\times4+5\times5\times5+6\times6\times6$$
$$+7\times7\times7+8\times8\times8+9\times9\times9+10\times10\times10+11\times11\times11$$

7 $\dfrac{3\times3}{5\times5\times5\times5\times5\times5\times2\times2}$을 소수로 고치시오.

8 오른쪽 도형 ㄱㄴㄷㄹㅁ은 정오각형입니다. ㉮, ㉯, ㉰의 각의
크기를 각각 구하시오.

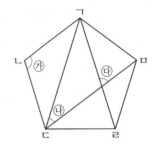

9 오른쪽 그림에서 직선 가와 나가 평행할 때, 각 ㉠의 크기를
구하시오.

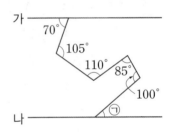

10 한별이네 모둠은 간식을 먹기로 하여 빵 7개와 우유 4개를 사고 12000원을 냈더니
820원의 거스름돈을 받았습니다. 빵 한 개와 우유 한 개의 값은 각각 얼마입니까? (단,
빵 한 개의 값은 우유 한 개의 값보다 120원 더 비쌉니다.)

11 다음과 같이 수를 규칙적으로 늘어놓았습니다. 첫째 번부터 200째 번까지의 숫자를 모두 더하면 얼마입니까?

> 3, 5, 2, 1, 9, 7, 3, 5, 2, 1, 9, 7, 3, 5, 2, 1, 9, 7, …

12 어느 공원의 입장료는 500원입니다. 15명을 넘는 단체일 때에는 15명을 넘은 사람에 대해서 100원씩 할인해 주고, 40명을 넘으면 40명을 넘은 사람에 대해서 50원씩 더 할인해 줍니다. 어떤 단체의 입장료가 38500원일 때, 이 단체는 몇 명입니까?

13 바둑돌을 안이 꽉 찬 정사각형 모양으로 늘어놓았더니 24개가 남아서 가로와 세로를 2줄씩 더 늘리기로 했는데 20개가 부족했습니다. 지금 가지고 있는 바둑돌은 모두 몇 개입니까?

14 컴퓨터를 사용하여 1부터 2000까지의 자연수를 다음과 같이 한 칸씩 띄어서 차례로 인쇄하였습니다. 처음부터 끝까지 인쇄하려면 몇 칸이 필요합니까? (단, 줄은 바꾸지 않고 한 줄로 인쇄하고, 숫자 하나를 인쇄하는 데 한 칸이 필요합니다. 즉, 세 자리 수를 인쇄하는 데 세 칸이 필요합니다.)

> 1 □ 2 □ 3 □ 4 □ … □ 99 □ 100 □ 101 □ 102 □ … □ 2000

15 어느 식당에서 점심에 팔린 음식을 조사하여 나타낸 막대그래프입니다. 된장찌개와 김치찌개의 가격은 각각 8000원, 비빔밥과 볶음밥의 가격은 각각 7000원이고, 점심시간에 음식값으로 받은 돈은 모두 642000원일 때, 김치찌개는 모두 몇 그릇이 판매되었습니까?

음식별 판매량

(그릇)

0

| 판매량 / 음식 | 된장찌개 | 김치찌개 | 비빔밥 | 볶음밥 |

16 오른쪽과 같은 디지털 숫자판이 있을 때, 9000부터 9999까지의 네 자리 수 중 180° 돌렸을 때 원래의 수와 똑같은 수가 되는 네 자리 수는 모두 몇 개입니까?

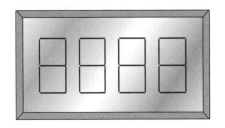

17 구슬이 10개씩 들어 있는 상자가 10상자 있고, 그 상자에 각각 번호가 붙어 있습니다. 구슬 1개의 무게는 24 g이지만 10상자 중 1상자에는 1개의 무게가 27 g인 구슬이 10개 들어 있습니다. 무게가 다른 구슬이 들어 있는 상자를 알아내기 위해 각각의 상자에서 번호 수만큼 구슬을 꺼내 무게를 달았더니 1344 g이었습니다. 27 g짜리 구슬이 들어 있는 상자는 몇 번 상자인지 구하시오.

18 7을 분모가 7인 두 대분수의 합으로 나타내려고 합니다. 모두 몇 가지로 나타낼 수 있습니까? (단, $2\frac{1}{7}+4\frac{6}{7}$과 $4\frac{6}{7}+2\frac{1}{7}$과 같이 두 분수를 바꾸어 더하는 경우는 한 가지로 생각합니다.)

19 구슬을 점 ㄴ에서 45°의 각도로 굴렸을 때, 구슬이 벽에 부딪히면서 들어온 각도와 같은 각도로 튕겨지는 것을 반복하다가 마지막에는 직사각형의 어느 꼭짓점에 도달한다고 합니다. 직사각형의 꼭짓점에 도달하기까지의 구슬이 움직인 경로를 정확히 그려 넣고, 구슬이 움직인 거리를 구하시오.(단, 구슬은 직선으로 움직이고 점 ㄴ에서 점 ㅁ까지의 거리는 20 cm입니다.)

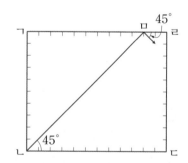

20 다음과 같이 수가 규칙에 의하여 놓여져 있을 때, 빈칸에 알맞은 수를 써넣으시오.

9	2	1	4		3
19	36	22	28	48	26

21 A역과 B역을 왕복하는 기차가 있습니다. A역과 B역 사이에는 12개의 역이 있을 때 기차표는 모두 몇 종류가 있어야 합니까?

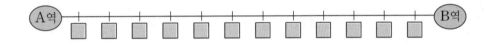

22 글자를 가로 또는 세로 방향으로 연결할 때, '전국 수학왕'이 되는 길은 몇 가지입니까?

전

전 국 전

전 국 수 국 전

전 국 수 학 수 국 전

전 국 수 학 왕 학 수 국 전

23 어떤 남자가 성에 들어가려고 하는데 이 성의 입구에는 6개의 문이 있고 모든 문에는 병사가 한 명씩 있습니다. 이 남자는 얼마의 금화를 가지고 있었고, 첫 번째 문에서는 병사에게 가지고 있던 금화의 개수에 3을 더한 수의 반을 주고 통과했고, 두 번째 문에서는 남은 금화의 개수에 3을 더한 수의 반을 주고 통과했습니다. 세 번째, 네 번째, … 문에서도 마찬가지로 그때마다 가지고 있던 금화의 개수에 3을 더한 수의 반을 준 뒤 6개의 문을 모두 통과 했을 때, 남자에게는 금화 1개만이 남았다면 처음에 이 남자가 가지고 있던 금화의 개수를 구하시오.

24 오른쪽 도형에서 각 ㄷㄱㄹ과 각 ㄹㄱㅁ의 크기가 같고, 각 ㄷㄴㄹ과 각 ㄹㄴㅁ의 크기가 같을 때 각 ㉠은 몇 도 입니까?

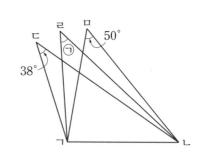

25 여섯 사람이 어떤 도시의 각각 다른 지점에서 출발하여 화살표 방향으로 곧장 달리면 어떤 사거리에서 두 사람이 만나게 됩니다. 여섯 사람의 빠르기는 각각 다르지만 각자 일정한 빠르기로 달린다면 두 사람이 만나는 지점은 몇 번 사거리입니까? (단, 사람의 옆에 써 있는 것은 그 사람이 1분당 가는 빠르기이고 각 구간의 거리는 모두 같습니다.)

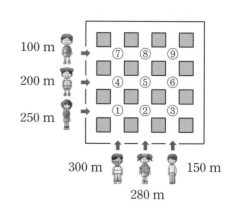

1 다음 □ 안에 알맞은 숫자를 써넣는 방법은 모두 몇 가지입니까?

$$5392864539 < 539\square7532\square4$$

2 3개의 자연수 가, 나, 다가 있습니다. 가와 나를 곱하면 128, 가와 다를 곱하면 192, 나와 다를 더하면 40이 됩니다. 가, 나, 다를 각각 구하시오.

3 두 수를 나누면 몫이 4이고 나머지가 3입니다. 또, 나누어지는 수, 나누는 수, 몫, 나머지를 더하면 40입니다. 나누어지는 수와 나누는 수를 각각 구하시오.

4 어떤 수의 끝 자리의 숫자 뒤에 1을 붙이면 앞 자리의 숫자 앞에 1을 붙인 수의 3배가 되는 다섯 자리 수는 얼마입니까?

5 다음은 가영이네 반 학생 26명에게 사과, 배, 수박, 포도, 멜론 중에서 가장 좋아하는 과일을 한 가지씩 조사하여 나타낸 막대그래프입니다. 아래 조건을 모두 만족하는 배, 포도, 멜론을 좋아하는 학생 수가 될 수 있는 경우는 모두 몇 가지입니까?

좋아하는 과일별 학생 수

학생 수 / 과일	사과	배	수박	포도	멜론

ㄱ 멜론을 좋아하는 학생은 포도를 좋아하는 학생보다 많습니다.
ㄴ 멜론을 좋아하는 학생과 포도를 좋아하는 학생의 차이는 3명보다 적습니다.
ㄷ 배를 좋아하는 학생은 사과를 좋아하는 학생보다 많습니다.
ㄹ 수박을 좋아하는 학생은 배를 좋아하는 학생보다 많습니다.

6 [A]는 A의 끝의 두 자리의 숫자의 합을 나타냅니다. 10부터 2000까지의 수 중 [A]＝9를 만족하는 A의 개수를 구하시오.

7 어떤 소수의 소수점을 오른쪽으로 한 자리 옮긴 수와 왼쪽으로 한 자리 옮긴 수의 차는 86.526입니다. 어떤 소수를 구하시오.

8 다음을 보고, ⬡ △를 구하시오.

$$\triangle\hspace{-0.3em}\pentagon = 8, \quad \triangle\hspace{-0.3em}\triangle = 27, \quad \square\hspace{-0.3em}\triangle = 81$$

9 오른쪽 도형에서 사각형 ㄱㄴㄷㄹ은 마름모이고, 사각형 ㄱㄴㅁㄷ은 평행사변형일 때, 각 ㉮의 크기를 구하시오.

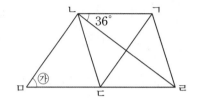

10 오른쪽 도형에서 삼각형 ㄱㄴㄷ은 각 ㄴㄱㄷ이 직각인 이 등변삼각형이고, 삼각형 ㄹㄴㄷ과 삼각형 ㅁㄴㄱ은 정삼각 형입니다. 각 ㉠과 각 ㉡의 크기는 각각 몇 도입니까?

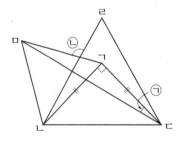

11 오른쪽 그림과 같은 삼각형 ㄱㄴㄹ에서 선분 ㄱㄴ과 선분 ㄷㄹ의 길이가 같을 때, 각 ㄱㄹㄷ의 크기를 구하시오.

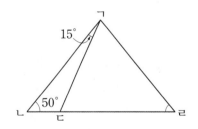

12 어떤 기계로 수를 인쇄하는 데 한 자리 수는 1초, 두 자리 수는 2초, 세 자리 수는 3초 걸립니다. 이 기계로 쉬지 않고 1부터 차례로 인쇄할 때, 물음에 답하시오.

⑴ 1부터 100까지의 수를 모두 인쇄하는 데 몇 분 몇 초의 시간이 걸립니까?

⑵ 1부터 차례로 인쇄를 시작한 지 정확히 10분 후에 인쇄가 끝나는 세 자리 수는 무엇 입니까?

13 어떤 수 A를 6으로 나누었을 때의 나머지를 ⟨A⟩로 나타내기로 하였습니다. 다음 식 의 값이 처음으로 300보다 크게 될 때의 어떤 수 A는 얼마입니까?

$$\langle 20 \rangle + \langle 21 \rangle + \langle 22 \rangle + \langle 23 \rangle + \cdots + \langle A \rangle$$

14 오른쪽 그림은 큰 직사각형을 크기가 같은 작은 직사각형 14 개로 나눈 후, 내부의 한 점에서 네 꼭짓점에 선분을 그은 것 입니다. 그림에서 찾을 수 있는 크고 작은 모든 예각과 둔각 의 개수의 차를 구하시오.

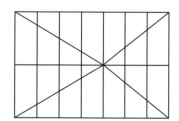

15 1부터 차례로 쓴 카드를 오른쪽 그림과 같이 늘어놓았습니다. 가줄, 나줄은 각각의 방향에서 1부터 세어 가줄 둘째 번의 카드는 가(2)=4, 나줄 셋째 번의 카드는 나(3)=5로 표시합니다. 가(10)과 나(20)의 합은 얼마입니까?

나줄

가줄 ➡	1	4	9	16	⋯
	2	3	8	15	⋯
	5	6	7	14	⋯
	10	11	12	13	⋯
	⋮	⋮	⋮	⋮	

16 주어진 식에서 ★과 ◆은 0이 아닌 서로 다른 숫자입니다. ★과 ◆의 합이 될 수 있는 값들을 모두 더하면 얼마입니까?

$$★\frac{3}{7}+◆\frac{5}{7}<11$$

17 오른쪽 보기 와 같이 어떤 수 □를 7로 나누었을 때의 나머지를 <□>로 나타내기로 하였습니다. 35부터 5씩 커지는 수를 이용하여 <35>+<40>+<45>+<50>+⋯+<㉠>의 값이 처음으로 300보다 크게 될 때, ㉠의 값을 구하시오.

보기

<35>=0, <40>=5
<45>=3, <50>=1

18 유승이가 버스를 타고 할머니 댁에 가고 있습니다. 버스에서 내려 시계를 보니 5시 15분이었고, 버스를 타는 동안 시계의 긴바늘이 짧은바늘보다 275° 더 움직인 것을 알았습니다. 유승이가 버스에 탄 시각이 ㉠시 ㉡분일 때 ㉠+㉡의 값을 구하시오.

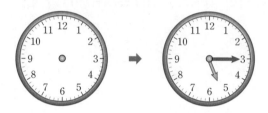

19 규칙을 찾아 빈칸을 알맞게 채우시오.

3	4	5	6	7	8	9	11	17
		52	63	94				982

20 오른쪽 그림에서 두 직선이 이루는 각의 크기는 모두 같고, 점과 점 사이의 간격도 같습니다. 세 점을 꼭짓점으로 하는 정삼각형을 모두 몇 개 만들 수 있습니까?

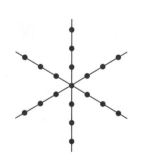

21 시각장애인 친구를 위해 점자를 배운 후 '친구사이'를 점자로 써 보았습니다. 그런데 바람이 불어와 점자를 쓴 종이가 오른쪽과 같이 바뀌었습니다. 바뀐 종이를 아래쪽으로 5번 뒤집고 시계 방향으로 90°만큼 5번 돌렸더니 원래의 모양으로 돌아왔습니다. '친구사이'를 점자로 바르게 썼을 경우 '구'자를 점자로 나타내기 위해 점을 표시한 칸의 수를 모두 더하면 얼마인지 구하시오.

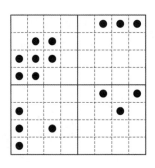

1	2	3	4	5	6	7	8
9	10	11	12	13	14	15	16
17	18	19	20	21	22	23	24
25	26	27	28	29	30	31	32
33	34	35	36	37	38	39	40
41	42	43	44	45	46	47	48
49	50	51	52	53	54	55	56
57	58	59	60	61	62	63	64

친	구
사	이

22 한별이네 학교에서 테니스 대회가 열려 남자 단식 준결승전을 하게 되었습니다. 이 대회를 지켜 보던 여학생들은 다음과 같이 예상했을 때, 대회가 끝난 후에 1, 2, 3, 4등은 한 명씩 가려졌고 세 여학생의 예상이 각각 반밖에 맞지 않았다면 대회의 결과는 어떻게 되었겠습니까?

> 가영 : "한별이가 2등이고, 용희가 3등일거야."
> 예슬 : "용희가 1등이고, 동민이가 3등일거야."
> 지혜 : "석기가 1등이고, 한별이가 4등일거야."

23 오른쪽 그림을 크기와 모양이 똑같은 4개의 도형으로 나누시오.

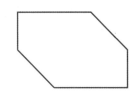

24 그림과 같이 정사각형, 정삼각형, 정오각형, 마름모가 순서대로 놓여 있고, 각 도형의 꼭짓점에 1부터 차례대로 숫자가 쓰여 있습니다. 물음에 답하시오.

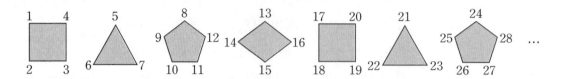

(1) 처음부터 25번째에 있는 도형은 무엇이며, 그 도형의 꼭짓점에 있는 수들의 합은 얼마입니까?

(2) 오른쪽과 같은 도형은 처음부터 몇 번째 위치에 있습니까?

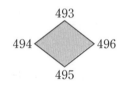

25 오른쪽 그림과 같은 직사각형 모양의 벽에 정사각형 모양의 타일을 가로로 4장, 세로로 2장을 붙인 후 대각선을 하나 그었더니 4장의 타일에 선이 그어졌습니다. 가로, 세로에 붙인 타일의 수를 다음과 같이 나타낼 때, 물음에 답하시오.

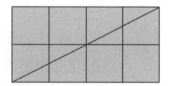

4	×	2
(가로로 붙인 타일 수)		(세로로 붙인 타일 수)

(1) 벽에 붙인 타일의 수가 다음과 같을 때 선이 그어진 타일은 몇 장입니까?

① 3×2 ② 6×4 ③ 12×5

(2) (1)에서 선이 그어진 타일의 수를 구하는 규칙을 설명하시오.

(3) 위 규칙을 이용하여 벽에 붙인 타일의 수가 (36×84)장일 때, 선이 그어진 타일은 몇 장인지 구하시오.

1 어느 공원에 둘레가 190 m인 둥근 모양의 호수가 있습니다. 호수 둘레를 따라 같은 간격으로 길이가 9 m인 화단 10개를 만들려고 할 때, 화단 사이의 간격은 몇 m로 해야 합니까?

2 분모가 13인 세 분수 ◆, ★, ♥가 있습니다. 세 분수의 조건이 다음과 같을 때, 세 분수 중 가장 큰 분수와 가장 작은 분수의 차는 $\bigcirc\dfrac{\textcircled{\tiny ㄷ}}{\textcircled{\tiny ㄴ}}$입니다. 이때 ㉠+㉡+㉢의 값을 구하시오.

〈조건 1〉 세 분수의 합은 13입니다.

〈조건 2〉 ★ = ◆ + $3\dfrac{5}{13}$

〈조건 3〉 ♥ = ◆ × 3

3 어떤 연속하는 세 수의 곱이 3□□□0이라고 할 때, 연속하는 세 수의 합을 구하시오.

4 오른쪽 그림은 직사각형 모양의 종이를 접은 것입니다. 각 ㉠의 크기를 구하시오.

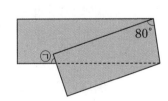

5 오른쪽 도형에서 각 ㅂㄱㄴ과 각 ㄴㅁㄷ의 크기를 각각 구하
시오.

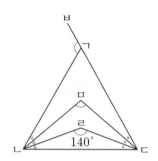

6 길이가 12 cm인 직사각형 모양의 종이 테이프 ㄱㄴㄷㄹ이 있습니다. 이 종이 테이프
를 그림과 같이 접었더니 삼각형 ㅁㅂㅅ이 정삼각형이 되고, 선분 ㅁㅂ과 선분 ㄹㅂ의
길이가 4 cm가 되었습니다. 꺾어진 선 ㄱㅅㄷ의 길이는 몇 cm입니까?

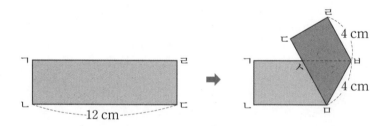

7 0부터 9까지의 숫자 카드 10장이 있습니다. 상연이와 예슬이의 대화를 읽고, 예슬이가
만들 수 있는 가장 큰 수와 세 번째로 큰 수의 차를 구하시오.

상연 : 6장의 숫자 카드를 골라 모두 두 번씩 사용하여 12자리의 수를 만들려고 해. 만들
수 있는 12자리의 수 중에서 가장 큰 수와 가장 작은 수를 더하면 1조 990억 2221
만 9999이지.
예슬 : 나는 네가 고르고 남은 숫자 카드를 모두 두 번씩 사용하여 8자리 수를 만들어야지.

8 다음 대화를 보고 혜정이의 말처럼 4학년 학생에게 사탕을 모두 나누어 주려면 최소한 몇 개의 사탕을 더 사야 합니까? (단, 처음에 가지고 있던 사탕의 개수는 200개보다 많고 400개보다는 적습니다.)

> 지연 : 우리 반 학생은 24명이라서 사탕을 모두 남김없이 똑같이 나누어 줄 수 있어.
> 건우 : 우리 반 학생은 32명이라서 사탕을 모두 남김없이 똑같이 나누어 줄 수 있어.
> 혜정 : 음. 사탕을 어느 한 반에게만 나누어 주는건 공평하지 않아. 4학년 전체 학생 72명에게 똑같이 나누어 주면 좋을 것 같은데 그러면 사탕이 남거나 모자를 것 같아.

9 미소네 모둠에서는 바구니에 콩주머니를 던져 넣는 놀이를 하고 있습니다. 네 명의 친구가 각각 20개의 콩주머니를 던졌을 때 바구니에 넣은 콩주머니의 개수와 넣지 못한 콩주머니의 개수를 조사하여 그래프로 나타냈습니다. 기본 점수는 60점이고 콩주머니를 한 개씩 던질 때, 넣으면 10점을 얻고 넣지 못하면 3점이 감점됩니다. 나연이가 얻은 점수가 156점이라면 콩주머니를 가장 많이 넣은 사람의 점수와 두 번째로 많이 넣은 사람의 점수의 차는 몇 점입니까?

넣은 콩주머니 수와 넣지 못한 콩주머니 수

10 네 자리 수 중 1023, 1024, 1025, 1234, 1235, … 등은 서로 다른 숫자들로 이루어진 수입니다. 네 자리 수 중에서 같은 숫자가 적어도 2번 사용되어 이루어져 있는 수는 모두 몇 개입니까?

11 1부터 일정한 간격으로 무수히 많은 자연수를 늘어놓았습니다. 이 중 연속된 9개의 수를 골라 가장 큰 수와 가장 작은 수의 차를 구하였더니 32가 나왔습니다. 12번째 수부터 50번째 수까지의 합을 구하시오.

12 다음의 조건을 모두 만족하는 삼각형 ㄱㄴㄷ을 꼭짓점 ㄴ을 중심으로 화살표 방향으로 돌린 것입니다. 삼각형 ㄱㄴㄷ을 몇 도만큼 돌렸는지 구하시오.

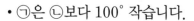

- ㉠은 ㉡보다 100° 작습니다.
- ㉡은 ㉢보다 95° 큽니다.

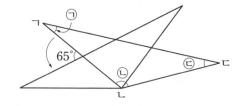

13 오른쪽 그림과 같이 가, 나, 다의 직선이 있습니다. 직선 가의 위에서 시작하여 화살표 방향으로 1부터 차례로 자연수를 씁니다. 예를 들면, 9는 직선 다 위의 3번째 수입니다. 직선 가 위의 100번째 수와 직선 나 위의 30번째 수의 합은 어느 직선 위의 몇 번째 수와 같습니까?

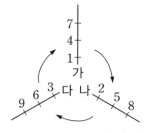

14 보기와 같은 방법으로 오른쪽 도형을 돌려서 색칠된 칸이 지나간 자리를 모두 색칠했을 때 색칠된 칸의 수와 색칠되지 않은 칸의 수의 차는 몇 칸인지 구하시오.

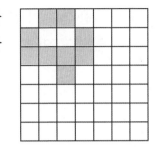

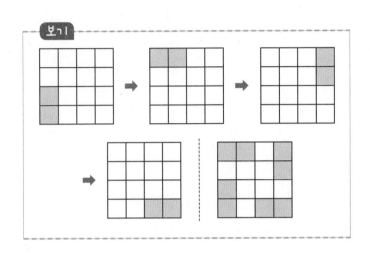

15 오른쪽 도형은 모두 정삼각형으로 이루어진 도형입니다. 이 도형에서 찾을 수 있는 크고 작은 사다리꼴은 모두 몇 개입니까?

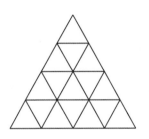

16 사다리꼴 ㄱㄴㄷㄹ의 각 변의 가운데를 연결하여 사다리꼴의 안쪽에 사각형 ㅁㅂㅅㅇ을 그렸더니 사각형 ㅁㅂㅅㅇ은 평행사변형이 되었습니다. 변 ㄴㄷ과 변 ㄷㄹ의 길이가 같을 때 각 ㉠의 크기는 몇 도입니까?

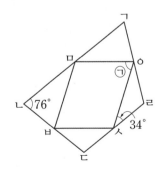

17 다음과 같이 분모가 15이고 분자가 1부터 199까지의 홀수인 분수를 차례로 늘어놓았습니다. 이 분수 중에서 자연수로 나타낼 수 없는 분수들의 합을 구하시오.

$$\frac{1}{15},\ \frac{3}{15},\ \frac{5}{15},\ \frac{7}{15},\ \cdots,\ \frac{197}{15},\ \frac{199}{15}$$

18 가영이는 크기가 같은 2개의 나무 블록을 그림과 같이 책상에 올려놓았습니다. 이 책상의 높이를 구하시오.

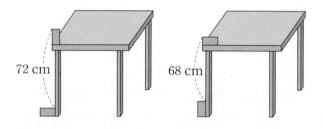

19 그림은 같은 크기의 정삼각형 4개를 어떤 규칙에 따라 색을 칠하고, 그 칠한 수와 위치에 따라서 1부터 8까지의 자연수를 나타낸 것입니다. 이러한 그림으로 15까지 나타낼 때, 11은 어떻게 나타내어집니까?

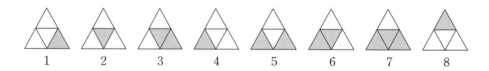

20 오른쪽 덧셈식에서 ㉠, ㉡, ㉢, ㉣은 0이 아닌 서로 다른 숫자이고, ㉠>㉡>㉢>㉣이라고 할 때 만들 수 있는 덧셈식은 모두 몇 개입니까?

$$
\begin{array}{r}
0.㉠㉡ \\
+\ 0.㉢㉣ \\
\hline
1.4
\end{array}
$$

21 오른쪽 그래프는 비어 있는 가 물탱크와 물이 60 cm 높이만큼 채워진 나 물탱크에 물을 채울 때 걸리는 시간과 물의 높이를 나타낸 그래프입니다. 물이 일정하게 나오는 수도를 틀어 가 물탱크에 물을 채우기 시작한 지 20분 후에 나 물탱크에도 물을 더 채우기 시작했습니다. 가 물탱크의 물의 높이가 나 물탱크의 물의 높이보다 50 cm 높을 때는 가 물탱크에 물을 채우기 시작한 지 몇 분 후입니까? (단, 물의 높이는 각각 일정하게 높아집니다.)

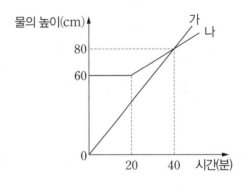

22 A, B, C, D, E의 5가지 상품을 파는 가게가 있는데, 가게 주인은 다음과 같은 조건을 지키는 손님에게만 상품을 팔았습니다. 손님 한 분이 가게 주인의 뜻을 알아차리고 물건을 사 가지고 나왔다면, 이 손님은 어떤 물건을 샀겠습니까?

① A를 사려면 B도 사야 합니다.
② D와 E 중에서 적어도 한 가지를 사야 합니다.
③ B와 C 중에서 한 가지밖에 살 수 없습니다.
④ C와 D를 사려면 둘 다 사야 합니다.
⑤ E를 사려면 A와 D도 꼭 사야 합니다.

23 그림과 같이 생긴 둥근 철사가 있습니다. 이것을 가로로 1번, 2번, 3번, … 자르면 2도막, 4도막, 6도막, … 으로 나누어집니다. 이와 같은 방법으로 100번 자르면 모두 몇 도막이 되겠습니까?

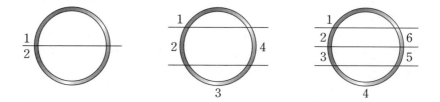

24 오른쪽 그림과 같이 여러 개의 성냥개비로 정삼각형 모양의 도형을 만들고 제일 아래쪽 가로줄의 성냥개비의 개수를 세어 보니 40개였습니다. 이때, 사용된 성냥개비의 수는 모두 몇 개입니까?

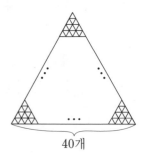

40개

25 정사각형으로 배열된 오른쪽 점판에서 세 점을 꼭짓점으로 하여 만들 수 있는 둔각삼각형은 모두 몇 개입니까?

1 0부터 9까지의 숫자 카드 10장이 있습니다. 이 중 8장을 골라 모두 한 번씩만 사용하여 다음 조건을 모두 만족하는 여덟 자리 수를 만들려고 합니다. 만들 수 있는 가장 큰 수와 가장 작은 수의 천의 자리 숫자의 합을 구하시오.

> 조건
> • 백만의 자리 숫자는 6입니다.
> • 만의 자리 숫자와 백의 자리 숫자의 차는 3입니다.
> • 각 자리 숫자의 합은 33입니다.

2 1부터 차례로 자연수를 나열하고, 그 수의 아래에 A, B, C, D를 반복해서 나열할 때, 물음에 답하시오.

> 1, 2, 3, 4, 5, 6, 7, 8, 9, …
> A B C D A B C D A …

(1) 559 아래에 있는 문자는 무엇입니까?

(2) 22번째 B 위에 있는 자연수는 무엇입니까?

3 오른쪽 계산은 세 자리 수와 두 자리 수의 곱셈을 나타낸 것입니다. A, B, …, H가 각각 서로 다른 숫자를 나타낼 때, A와 H가 나타내는 숫자를 각각 구하시오.

$$
\begin{array}{r}
B\ C\ A \\
\times\qquad B\ A \\
\hline
F\ A\ E\ B \\
G\ B\ D\ A\quad \\
\hline
G\ H\ F\ H\ B \\
\end{array}
$$

4 세 자리 수 중 백의 자리의 숫자가 십의 자리의 숫자보다 크고, 십의 자리의 숫자가 일의 자리의 숫자보다 큰 수는 모두 몇 개입니까?

5 다음에서 설명하는 수는 어떤 수입니까?

> • 세 자리의 자연수입니다.
> • 5로 나누어떨어집니다.
> • 짝수입니다.
> • 각 자리의 숫자는 서로 다른 숫자입니다.
> • 십의 자리의 숫자는 일의 자리의 숫자보다 큰 수입니다.
> • 백의 자리의 숫자는 십의 자리의 숫자보다 큰 수입니다.
> • 400보다 작은 수입니다.
> • 3으로 나누어떨어집니다.

6 A와 B가 모두 자연수일 때, 다음을 만족하는 가장 작은 수 A를 구하고, 그 때의 B를 구하시오.

$$2600 \times A = B \times B$$

7 1989에서 9891까지의 자연수 중에서 십의 자리의 숫자와 일의 자리의 숫자가 같은 수는 모두 몇 개 있습니까?

8 다음은 퀴즈대회에서 민섭이네 모둠 학생들이 문제를 맞힌 결과입니다. 민섭이네 모둠이 얻은 점수는 총 400점이고 건희가 얻은 점수는 재현이가 얻은 점수보다 50점이 많습니다. 건희가 3점짜리 문제를 맞혀 얻은 점수는 민섭이가 3점짜리 문제를 맞혀 얻은 점수보다 12점이 높을 때, 재현이가 맞힌 3점짜리 문제의 개수와 건희가 맞힌 5점짜리 문제의 개수의 합을 구하시오.

퀴즈대회에서 맞힌 문제 수

9 어떤 소수 두 자리 수 ㉮가 있습니다. ㉮와 ㉮에 10을 곱한 값, ㉮에 100을 곱한 값을 더했더니 다음과 같았습니다. 어떤 소수 두 자리 수 ㉮를 구하시오.

$$㉮ + ㉮ \times 10 + ㉮ \times 100 = ■▲4.14$$

10 다음의 5장의 카드 중 4장은 1부터 9까지의 수 중 서로 다른 수가 적힌 수 카드입니다. 이 카드를 각각 한 번씩 모두 사용하여 만들 수 있는 소수 중 가장 큰 소수 세 자리 수와 가장 작은 소수 두 자리 수의 차가 16.038일 때, ★이 될 수 있는 모든 수들의 합을 구하시오.

11 다음과 같이 4개의 수를 큰 수부터 차례로 썼습니다. □ 안에는 0부터 9까지 어느 숫자를 넣어도 된다면, □ 안에 알맞은 숫자를 넣을 수 있는 방법은 모두 몇 가지입니까?

$$897435461 - 89\square629327 - 895528753 - 89552872\square$$

12 오른쪽 그림과 같이 정사각형의 변 위에 8개의 점을 찍었습니다. 이 중 6개의 점을 연결하여 만들 수 있는 육각형은 모두 몇 개입니까?

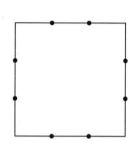

13 오른쪽 그림에서 각 ㉠의 크기를 구하시오.

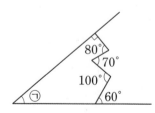

14 오른쪽 그림과 같이 점자는 지면 위에 도드라진 점을 손가락으로 만져서 읽는 시각 장애인용 문자로 보통 6점(세로로 3점, 가로로 2점)으로 구성됩니다. 점자로 나타낸 어떤 모양을 오른쪽으로 5번 뒤집은 다음 ◓과 같이 3번 돌린 후 왼쪽으로 3번 뒤집고 ◒와 같이 5번 돌렸을 때의 모양이 다음과 같습니다. 처음 모양에서 나타난 수의 합을 구하시오.

수를 나타내는 점자표

1	2	3	4	5
6	7	8	9	0

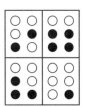

15 다음 식은 일정한 규칙을 가지고 있습니다. 처음 4개의 식이 갖는 규칙을 이용하여, □ 안에 알맞은 수를 써넣으시오.

$$9 \times 1 + 2 = 11$$
$$9 \times 12 + 3 = 111$$
$$9 \times 123 + 4 = 1111$$
$$9 \times 1234 + 5 = 11111$$
$$9 \times 12345678 + 9 = \boxed{}$$

16 표에 쓰여 있는 수들은 규칙에 따라 배열되어 있습니다. 이 규칙에 따라 빈칸에 알맞은 수를 써넣으시오.

2	0	3	8	7
7	5	4	6	3
15	1	13	49	

17 한 변이 4 cm인 정사각형을 그림과 같은 규칙으로 겹치지 않게 이어 붙였습니다. 정사각형 몇 개를 이어 붙여서 만든 도형의 둘레가 144 cm일 때 그 도형에서 찾을 수 있는 한 변이 12 cm인 정사각형은 모두 몇 개인지 구하시오.

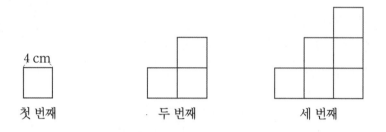

첫 번째   두 번째   세 번째

18 12개의 야구공 중 한 개는 불량품이어서 다른 11개의 야구공보다 무겁습니다. 양팔 저울을 3번만 이용하여 불량품을 가려낼 수 있는 방법을 쓰시오.

19 그림과 같이 목걸이가 네 도막으로 나누어져 있습니다. 이것을 둥글게 이으려고 할 때, 고리 하나를 끊는 데는 300원의 비용이 필요하고 고리 하나를 잇는 데는 2000원의 비용이 필요합니다. 이 목걸이를 둥글게 이을 때, 필요한 가장 적은 비용을 구하시오.

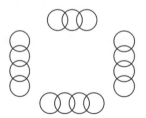

20 버스가 갑과 을 두 역 사이를 달리는 데 2시간이 걸립니다. 갑과 을 두 역에서는 매일 30분 간격으로 각각 버스 1대가 동시에 마주 보고 출발합니다. 운행이 시작된 지 2시간 이상 지났을 때, 버스를 타고 갑역에서 을역으로 가는 도중 을역에서 갑역으로 가는 버스를 최소한 몇 대 만날 수 있겠습니까?

21 크고 작은 2개의 주사위를 동시에 1회 던집니다. 효근이는 A에서 큰 주사위의 눈의 수만큼 A → B → C → D → A와 같이, 석기는 B에서 작은 주사위의 눈의 수만큼 B → C → D → A → B와 같이 이동합니다. 예를 들면, 큰 주사위의 눈의 수가 3이라면 효근이는 D에 옵니다. 효근이와 석기가 같은 위치에 오는 것은 몇 가지가 있겠습니까?

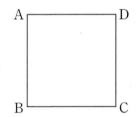

22 5개의 직선으로 원을 나누면 원은 최대한 몇 개의 부분으로 나누어지겠습니까?

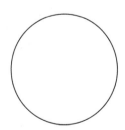

23 서랍 속에 검은색 양말이 5켤레, 빨간색 양말이 10켤레 있습니다. 만약 불이 꺼진 방에서 서랍을 열고 반드시 같은 색 양말을 신기 위해서는 최소한 몇 짝의 양말을 꺼내면 되겠습니까?

24 오른쪽 그림에서 선분 ㄴㅂ은 각 ㄱㄴㅅ을 이등분하고, 선분 ㄷㅂ은 각 ㄱㄷㅅ을 이등분합니다. 이때 각 ㄴㅂㄷ의 크기를 구하시오.

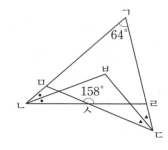

25 같은 크기의 12개의 정사각형으로 이루어진 도형이 있습니다. 이것을 점선을 따라 모양과 크기가 같도록 2부분으로 자르려고 합니다. 보기와 같이 나누어진 한쪽에 색칠하시오.

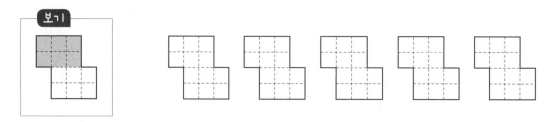

1 올해 어느 마을에서 돼지를 작년보다 2500마리 더 많이 길렀습니다. 올해 기른 돼지 수는 작년의 3배라고 할 때, 올해와 작년에는 돼지를 각각 몇 마리씩 길렀습니까?

2 학생들이 긴 의자에 6명씩 앉았더니 의자가 2개 남았고, 마지막 의자에는 2명이 부족했습니다. 이 의자에 이번엔 4명씩 앉았더니 8명이 앉지 못했습니다. 학생들은 모두 몇 명입니까?

3 분모가 30인 분수가 다음과 같이 놓여 있습니다. 이 분수들 중 2개의 분수의 차가 $4\dfrac{7}{30}$ 인 분수의 **뺄셈식**은 모두 몇 개를 만들 수 있습니까?

$$\frac{1}{30}, \frac{2}{30}, \frac{3}{30}, \frac{4}{30}, \cdots, \frac{148}{30}, \frac{149}{30}, \frac{150}{30}$$

4 27로 나눈 몫과 나머지가 같은 세 자리 수가 있습니다. 이 세 자리 수 중 10번째 큰 수와 10번째 작은 수의 차를 구하시오.

5 다음은 퀴즈대회에서 학생들이 받은 점수를 조사하여 나타낸 막대그래프입니다. 총 3문제가 출제되었고 1번은 20점, 2번은 30점, 3번은 50점이었습니다. 두 문제만 맞힌 학생은 18명이고, 한 문제만 맞힌 학생들의 점수의 합이 나머지 학생들의 점수의 합보다 800점 작습니다. 3번만 맞힌 학생은 몇 명인지 구하시오.

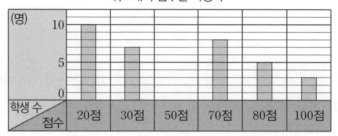

6 세 자리 수 중 각 자리의 숫자의 합이 10인 수는 모두 몇 개입니까?

7 $\dfrac{\text{㉠}}{\text{㉡} \times \text{㉡}} = \dfrac{1}{1792}$ 이 되는 가장 작은 수 ㉠과 ㉡을 각각 구하시오.

8 다음 조건 을 만족하는 세 자리 수 중에서 가장 큰 수와 가장 작은 수의 차를 구하시오.

> 조건
> • 세 자리 수의 각 자리의 숫자의 합은 20입니다.
> • 세 자리 수를 45로 나누었을 때 몫은 두 자리 수
>   이고, 나머지의 각 자리 숫자의 합은 11입니다.

9 오른쪽 그림은 숫자가 지워져서 숫자의 위치를 알 수 없는 시계입니다. 어느 날 오후에 유승이가 운동을 시작한 시각과 끝낸 시각이 그림과 같을 때, 유승이가 운동을 한 시간은 몇 분입니까?

운동을 시작한 시각   운동을 끝낸 시각

10 오른쪽 그림에서 사각형 ㄱㄴㄷㅁ은 평행사변형이고, 삼각형 ㄱㄴㄷ은 이등변삼각형, 삼각형 ㄱㄷㄹ은 정삼각형입니다. 각 ㉠과 각 ㉡의 크기의 합을 구하시오.

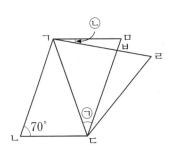

11 오른쪽 그림과 같이 정사각형 ㄱㄴㄷㄹ이 있고, 각 변의 한 가운데 점을 ㅁ, ㅂ, ㅅ, ㅇ이라 합니다. ㄱ, ㄴ, ㄷ, ㄹ, ㅁ, ㅂ, ㅅ, ㅇ의 8개 점 중에서 3개의 점을 선택하여 꼭짓점으로 하는 삼각형을 만든다면 이등변삼각형은 모두 몇 개 생기겠습니까?

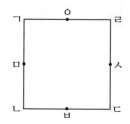

12 세로 36 m, 가로 45 m인 직사각형 모양의 토지가 있습니다. 이 토지의 둘레에 같은 간격으로 나무를 심을 때, 4개의 모퉁이에는 반드시 심는 것으로 하고, 나무 수는 될 수 있는 한 적게 심으려고 합니다. 모두 몇 그루의 나무가 필요합니까?

13 500장의 색종이를 몇 명의 어린이에게 14장씩 차례대로 나누어 주었더니, 마지막에서 두 번째 어린이는 10장을 받고, 마지막 어린이는 전혀 받을 수 없었습니다. 어린이의 수를 구하시오.

14 다음과 같은 규칙으로 계산할 때, 더하여 20이 되는 수들을 곱했을 때 만들 수 있는 가장 큰 수를 구하시오.

$$10=8+2 \Rightarrow 8 \times 2 = 16$$
$$10=6+2+2 \Rightarrow 6 \times 2 \times 2 = 24$$
$$10=5+3+2 \Rightarrow 5 \times 3 \times 2 = 30$$

15 3248㉠㉡㉢624에서 ㉠, ㉡, ㉢의 순서를 바꾸어 3248㉢㉠㉡624로 나타내었더니 처음 수보다 378000 큰 수가 되었습니다. 처음 수가 될 수 있는 경우는 모두 몇 가지입니까?

16 [ ] 안에 [A], [B]의 약속을 따라 수를 써넣습니다. 예를 들면 [30]→[15]→[14]→[7]→[6] …이 됩니다. [ ]→[ ]→[ ]→[ ]→[ ]→[ ]→[1]일 때, 처음 [ ] 안에 들어가는 홀수 중에서 가장 큰 수는 얼마입니까?

> [A] : 앞의 수가 짝수이면, 그 다음 수는 앞의 수를 2로 나눕니다.
> [B] : 앞의 수가 홀수이면, 그 다음 수는 앞의 수에서 1을 뺍니다.

17 해와 날을 세는 것에 십이지(쥐, 소, 호랑이, 토끼, 용, 뱀, 말, 양, 원숭이, 닭, 개, 돼지)를 사용할 때가 있습니다. 예를 들어 1일이 쥐의 날이라면, 2일은 소의 날, 3일은 호랑이의 날, … , 13일은 다시 쥐의 날이 됩니다. 어느 해의 7월에 소의 날이 3회 있을 때, 그 해의 7월 첫 번째 소의 날이 될 수 있는 것은 며칠부터 며칠까지입니까?

18 규칙을 이용하여 □ 안에 알맞은 수를 써넣으시오.

$$11 \times 9 = (10 \times 10) - (1 \times 1) = 99$$
$$35 \times 25 = (30 \times 30) - (5 \times 5) = 875$$
$$84 \times 76 = (80 \times 80) - (4 \times 4) = 6384$$
$$307 \times 293 = (\boxed{} \times \boxed{}) - (\boxed{} \times \boxed{}) = \boxed{}$$

19 오른쪽 그림은 똑같은 정삼각형 16개를 변끼리 맞닿도록 이어 붙여서 만든 모양입니다. 이 모양에서 찾을 수 있는 크고 작은 평행사변형은 모두 몇 개입니까?

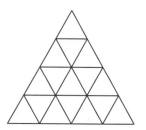

20 빈칸에 3, 6, 9, 12, …를 규칙적으로 늘어놓으면 대각선 위의 수 3에서 363까지의 합은 얼마입니까?

3	6	12	21	33					
9	15	24	36						
18	27	39							
30	42								
45						180			
					183				
						243			
								357	
								360	363

21 정사각형 모양의 흰색 벽돌과 검은색 벽돌을 그림과 같이 쌓으려고 합니다. 모두 20층을 쌓았을 때, 검은색 벽돌은 흰색 벽돌보다 몇 개가 더 많습니까? (단, 양 끝은 검은색 벽돌입니다.)

22 벌이 통로를 통하여 가 → 나 → 다 → …의 방향으로 날아갑니다. 가에서 나를 거치지 않고 직접 다로 갈 수는 있으나, 다 → 나 → 가와 같이 반대로는 갈 수 없습니다. 벌이 타까지 가는 방법은 모두 몇 가지입니까?

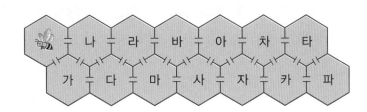

23 성냥개비를 차례대로 나열하여 다음과 같이 만들었습니다. 121개의 성냥개비를 나열했을 때, 만들어지는 작은 정삼각형은 모두 몇 개입니까?

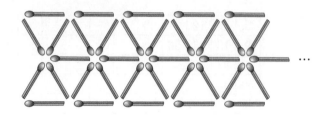

24 다음과 같이 바둑판 모양으로 길이 나 있습니다. 석기는 A지점을 12시에 출발하여 굵은 선을 따라 B지점에 도착했습니다. 가로로 나 있는 길을 갈 때는 한 시간에 6 km, 세로로 나 있는 길을 갈 때는 한 시간에 3 km 가는 빠르기로 걸었습니다. A지점에서 B지점까지 갈 때의 걸린 시간과 간 거리의 관계를 꺾은선그래프로 나타내고 C지점을 통과하는 시각을 구하시오.

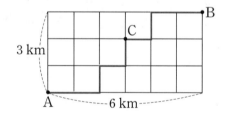
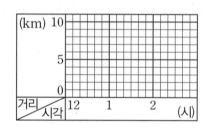

25 1에서 10까지의 자연수 중 한 개의 수 A를 뽑고, 11에서 20까지의 자연수 중 한 개의 수 B를 뽑아 A×B를 만들 때, 그 곱의 일의 자리의 숫자가 2가 되는 (A, B)는 모두 몇 쌍입니까?

1 규칙을 찾아 ☐ 안에 알맞은 수를 써넣으시오.

20, 15, 15, 20, 10, ☐, 5, 30, 0

2 1☆3＝5, 6☆9＝21, 8☆2＝18일 때, 11☆20의 값은 얼마입니까?

3 10대들의 모임이 있습니다. 그들의 나이의 곱이 441000일 때, 모임의 인원 수와 나이의 합은 각각 얼마입니까?

4 4는 1, 2, 4의 3개의 수로 나누어떨어지고 6은 1, 2, 3, 6의 4개의 수로 나누어떨어집니다. 다섯 개의 수로 나누어떨어지는 가장 작은 수를 구하시오.

5 다음 조건을 모두 만족하는 처음 여덟 자리 수를 구하시오.

> • 천만의 자리 숫자가 4입니다.
> • 천만의 자리 숫자를 빼고 일의 자리 숫자 뒤에 8을 붙여 새로운 여덟 자리 수를 만들면 처음 수는 새로 만들어진 수를 2배 한 것보다 6 큰 수가 됩니다.

6 규칙을 찾아 ☐ 안에 알맞은 수를 쓰시오.

1	1	1						
1	2	3	2	1				
1	3	6	7	6	3	1		
1	4	10	16	19	16	10	4	1
1	5	☐	☐	☐	☐	☐	☐	☐	☐	☐

7 다음을 계산하여 $\blacksquare\dfrac{\blacktriangle}{100}$ 모양의 대분수로 나타내시오.

$$\frac{111+222+333+\cdots+999}{100+200+300+\cdots+900}$$

8 다음과 같이 수를 쓸 때, 269는 몇 행 어느 열에 쓰게 됩니까?

행＼열	가	나	다	라	마	바	사
1	1	2	3	4	5	6	7
2	14	13	12	11	10	9	8
3	15	16	17	·	·	·	·
	·	·	·	·	·	·	·

9 어떤 정다각형의 대각선의 수를 세었더니 189개였습니다. 이 정다각형은 무엇입니까?

10 오른쪽 그림에서 직사각형 ㄱㄴㄷㄹ의 넓이는 색칠한 직사각형의 넓이의 몇 배입니까?

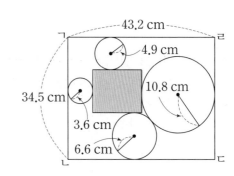

11 시계가 정각 12시를 가리키고 있습니다. 긴바늘과 짧은바늘이 이루는 각의 크기가 처음으로 99°가 되는 시각을 구하시오.

12 0부터 5까지의 6개의 숫자를 한 번씩 사용하여 (네 자리 수) × (두 자리 수)의 곱셈식을 만들려고 합니다. 이때 가장 큰 곱과 두 번째로 큰 곱의 차를 구하시오.

13 100 m 길이의 화물 열차가 한 시간당 18 km의 빠르기로 달리고 있습니다. 이 열차가 2 km 길이의 터널을 완전히 통과하는 데 몇 분이 걸리겠습니까?

14 $4 \times 6 = 24$, $14 \times 16 = 224$, $24 \times 26 = 624$, $34 \times 36 = 1224$입니다. 규칙을 이용하여 $\square \times \bigstar = 93024$일 때, $\square + \bigstar$의 값을 구하시오.

15 한솔이네 반에서 소풍을 가는데 버스를 빌리려고 합니다. 학생 수에 관계없이 버스 1대를 빌리는 요금은 같습니다. 한솔이네 반 학생 수가 20명인데 10명이 더 타고 간다면 1인당 부담 비용이 7500원씩 적어진다고 합니다. 버스 1대를 빌리는 값은 얼마입니까?

16 영수는 가진 돈의 $\frac{1}{3}$을 약국에서 쓰고, 남은 돈의 $\frac{3}{5}$을 서점에서 쓰고, 남은 돈의 $\frac{3}{4}$을 문방구점에서 썼더니 1000원이 남았습니다. 영수가 처음에 가지고 있던 돈은 얼마입니까?

17 길이가 102 m인 A 기차가 1초에 34 m를 가는 빠르기로 터널에 진입하기 시작해서 완전히 빠져나가는 데 32초가 걸렸습니다. 길이가 64 m인 B 기차가 1초에 42 m를 가는 빠르기로 이 터널에 진입하기 시작해서 완전히 빠져나갈 때까지 걸리는 시간은 몇 초입니까?

18 같은 무게의 빵 50개가 들어 있는 빵 한 상자의 무게는 9 kg입니다. 상자에 들어 있는 빵의 무게는 상자만의 무게보다 7 kg 더 무겁습니다. 상자에 들어 있는 빵 1개의 무게는 몇 g입니까?

19 아무것도 매달지 않았을 때의 길이가 16 cm인 용수철 저울에 25 g의 추를 매달면 전체 길이가 21 cm가 됩니다. 전체 길이가 원래 길이의 2배가 되게 하려면 몇 g의 추를 매달아야 합니까?

20 유승이는 수도를 틀어 물탱크에 물을 받고 있는데 물탱크에 구멍이 나서 처음부터 일정한 양만큼 물이 새어나가고 있습니다. 오른쪽 그래프는 처음부터 4분 동안 물을 받은 후 2분 동안 수도를 잠궜다가 다시 2분 동안 물을 받은 후 수도를 잠근 것을 나타낸 것입니다. 이때, 수도를 틀어서 나온 물의 양은 모두 몇 L입니까?

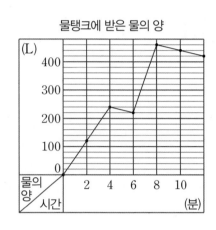

물탱크에 받은 물의 양

21 A와 B는 각각 크기가 같은 정사각형 25개를 겹치지 않게 이어 붙여 큰 정사각형을 만든 것입니다. A를 ⟳ 방향으로 몇 번 돌리고 왼쪽으로 5번 뒤집은 것을 오른쪽으로 밀어서 B에 꼭 맞게 포개려고 합니다. A와 B가 포개어졌을 때, ㉮, ㉯, ㉰, ㉱에 해당하는 네 수의 합이 가장 큰 경우의 값을 구하시오.

A

				㉮
			㉯	
	㉰			
				㉱

B

1	2	3	4	5
10	9	8	7	6
11	12	13	14	15
20	19	18	17	16
21	22	23	24	25

22 오른쪽 그림에서 선분 ㄱㄴ, 선분 ㄴㄷ, 선분 ㄷㄹ, 선분 ㄹㅁ의 길이가 모두 같고 각 ㅂㄱㅁ이 16°일 때, 각 ㅁㄹㅂ의 크기를 구하시오.

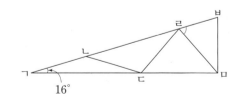

16°

23 그림과 같은 규칙으로 바둑돌을 놓는다면, 15번째에는 흰색 돌과 검은색 돌 중 무슨 색이 몇 개 더 많이 놓이겠습니까?

 ...

24 오른쪽 그림에서 찾을 수 있는 크고 작은 삼각형은 모두 몇 개입니까?

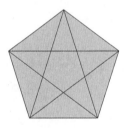

25 어느 한 사람의 몸에 쓰여진 수는 다른 사람들이 공동으로 지키는 규칙을 지키지 않고 있습니다. 이 사람은 누구입니까?

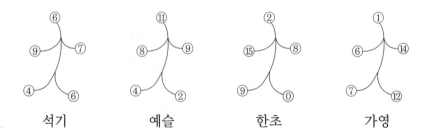

석기   예슬   한초   가영

1 두 수 A, B가 있습니다. A를 B로 나누면 몫이 23이고 나머지가 18입니다. A와 B의 합이 1314일 때, B를 구하시오.

2 158과 어떤 수를 각각 1000배 하였더니 두 수의 차가 60000이 되었습니다. 이러한 어떤 수를 모두 구하시오.

3 $1+2-3-4+5+6-7-8+9+10-11-12+\cdots+1993+1994-1995-1996+1997+1998-1999-2000+2001$을 계산하시오.

4 A, B, C, D 4개의 자연수가 있습니다. 이 4개의 수 중에서 3개씩의 합이 각각 179, 185, 189, 191이 되었습니다. 이 4개의 자연수 중 가장 큰 수를 구하시오.

5 책에 쪽수를 적어 넣는데 1부터 차례로 모두 1809개의 숫자를 사용하였습니다. 쪽수를 적어 넣을 때, 3쪽은 1개, 45쪽은 2개, 123쪽은 3개, … 이런 식으로 숫자를 사용하였다면, 이 책의 마지막 쪽수는 얼마입니까?

6 10에서 1000까지의 자연수 중 121과 같이 맨 앞과 맨 뒤에 있는 숫자의 순서를 바꾸어도 같은 수가 되는 것은 모두 몇 개입니까?

7 1에서부터 11, 22, 100, 110, …과 같이 같은 숫자가 들어 있는 수를 제외하고 차례로 자연수를 나열하였습니다. 150번째 자연수는 무엇입니까?

8 각 자리의 숫자가 똑같은 네 자리 수를 78로 나누었더니 몫이 두 자리 수였습니다.
몫의 각 자리의 숫자의 합이 8이고 나머지는 17일 때, 네 자리 수를 구하시오.

9 각 ㉠의 크기를 구하시오.

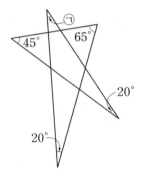

10 삼각형 ㄹㄴㅁ은 정삼각형이고 사각형 ㄹㅁㅂㅅ은 정사각형입
니다. 이때 각 ㉠과 각 ㉡의 크기의 차는 몇 도입니까?

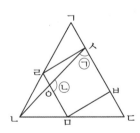

11 다음과 같이 수를 규칙적으로 늘어놓을 때 80번째 수와 85번째 수의 합을 구하시오.

$$1,\ 1\frac{1}{2},\ 2,\ 2\frac{1}{3},\ 2\frac{2}{3},\ 3,\ 3\frac{1}{4},\ 3\frac{2}{4},\ 3\frac{3}{4},\ 4,\ 4\frac{1}{5},\ \cdots$$

12 그림과 같이 같은 크기의 평행사변형 4개를 붙여 놓고 대각선을 그었습니다. 크고 작은 평행사변형은 몇 개 있습니까?

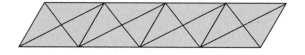

13 선분 ㄱㄴ과 선분 ㄷㄹ이 평행할 때, 각 ㉠의 크기를 구하시오.

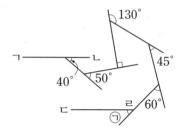

14 그림에서 같은 표시를 한 각의 크기는 서로 같습니다. ㉠÷㉡의 값을 구하시오.

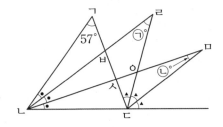

15 삼 형제의 나이의 곱은 1680이고 첫째와 둘째의 나이의 차는 둘째와 셋째의 나이의 차와 같습니다. 삼 형제의 나이는 각각 몇 살입니까?

16 소수 세 자리 수 ㉠은 소수 두 자리 수 ㉡보다 2.769만큼 더 큽니다. ㉠은 6보다 크고 6.5보다 작을 때, ㉡이 될 수 있는 수 중 가장 큰 수와 가장 작은 수의 차를 구하시오.

17 나의 시계는 한 시간에 1초씩 빨라지고 친구의 시계는 한 시간에 2 초씩 늦어집니다. 오른쪽과 같이 지금 동시에 같은 시각을 가리켰다 면 며칠 후에 다시 같은 시각을 가리키겠습니까?

18 하루에 $3\frac{2}{3}$ 분씩 늦어지는 시계가 있습니다. 5월 5일 정오에 정확한 시계보다 10분 빠 르게 맞추어 놓았다면 5월 10일 정오에는 몇 시 몇 분 몇 초를 가리키겠습니까?

19 (   ) 안의 네 수는 서로 다른 자연수입니다. 이 중에서 두 수로 (큰 수)÷(작은 수)의 나눗셈을 만들면 모두 나누어떨어집니다. ㉮와 ㉯는 각각 1보다 크고 100보다 작습니 다. 또 ㉮는 ㉯보다 큽니다. (㉮, ㉯)는 모두 몇 쌍입니까?

(㉮, ㉯, 8, 96)

20 석기네 학교 4학년 학생들이 긴 의자 1개에 6명씩 앉았더니 한 의자에는 1명이 앉고 7 개의 의자가 남았습니다. 한 의자에 4명씩 앉았더니 53명이 앉지 못했을 때, 학생 수와 의자 수를 각각 구하시오.

21 그림은 흰색과 검은색 바둑돌을 규칙에 따라 늘어놓은 것입니다. 150열까지 늘어놓았 을 때, 흰색 바둑돌의 개수는 모두 몇 개입니까?

1열 2열 3열 4열 5열 6열 7열 8열 9열 10열 11열 12열 13열

22 길이와 굵기가 다른 2개의 양초가 있습니다. 짧은 양초는 9 cm로 18분 만에 모두 타 고, 긴 양초는 21 cm로 14분 만에 모두 탑니다. 두 양초에 동시에 불을 붙였을 때, 두 양초의 남은 길이가 같아지는 때는 불을 붙인지 몇 분 후입니까?

23 어느 음악회의 입장료는 어른은 4000원, 어린이는 2500원입니다. 입장객 수는 어린이가 어른의 2배보다 12명 더 많습니다. 입장료로 받은 돈이 모두 2730000원이라면 음악회에 입장한 어린이는 몇 명입니까?

24 다음 식에서 등호의 왼쪽 식에는 소수점이 모두 빠져 있지만 등호의 오른쪽 계산 결과에는 소수점이 있습니다. 식이 성립하도록 등호 왼쪽의 5개의 수에 알맞게 소수점을 찍을 때 가장 큰 수와 두 번째로 큰 수의 차를 구하시오.

$$3625 + 3244 + 4249 + 2828 + 2537 = 685.12$$

25 도형에서 화살표를 따라 점 ㉮에서 점 ㉯로 가는 방법은 모두 몇 가지입니까?

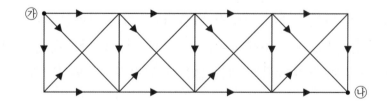

올림피아드 예상문제

1 어떤 네 자리 수를 88로 나누었을 때, 몫과 나머지의 합이 가장 크게 되는 네 자리 수를 구하시오.

2 다음 곱의 일의 자리의 숫자를 구하시오.

$$\underbrace{2\times2\times2\times\cdots\times2\times2}_{101개}\times\underbrace{3\times3\times3\times\cdots\times3\times3}_{103개}\times\underbrace{7\times7\times7\times\cdots\times7\times7}_{105개}$$

3 다음과 같이 규칙적으로 늘어놓은 분수들의 합을 구하시오.

$$1\frac{1}{15}, \quad 2\frac{2}{15}, \quad 3\frac{3}{15}, \quad \cdots, \quad 13\frac{13}{15}, \quad 14\frac{14}{15}$$

4 다음 숫자 카드 중에서 2장 또는 3장을 한 번씩만 사용하고  중 한 장 또는 두 장을 한 번씩만 사용하여 식을 만들려고 합니다. 나올 수 있는 계산 결과 중에서 서로 다른 두 자리 수는 모두 몇 개입니까?

2	4	8

5 ㉠＋3＝㉡－3＝㉢×2＝㉣÷2이고 ㉠＋㉡＋㉢＋㉣＝63일 때, $\dfrac{㉡}{㉠}-\dfrac{㉢}{11}+\dfrac{㉣}{11}$의 값을 구하시오. (단, ㉠, ㉡, ㉢, ㉣은 서로 다른 자연수입니다.)

6 □ 안에 알맞은 숫자를 써넣으시오.

```
            □  1  □
        ×   3  □  2
       ─────────────
            □  3  □
        3   □  2  □
     □  2  □  5
    ─────────────────
   1  □  8  □  3  0
```

7 똑같은 장난감 13개의 가격은 58000원보다 싸고, 14개의 가격은 58000원보다 비쌉니다. 이 장난감 한 개의 최저 가격과 최고 가격의 차를 구하시오. (단, 가격의 일의 자리의 숫자는 0입니다.)

8 오른쪽 그림과 같은 방법으로 성냥개비를 놓을 때 성냥개비 40개로 만든 모양에서 찾을 수 있는 크고 작은 평행사변형은 모두 몇 개입니까?

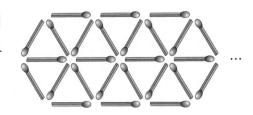

...

9 그림에서 찾을 수 있는 크고 작은 삼각형은 몇 개입니까?

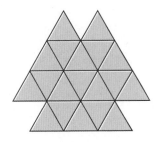

10 그림과 같이 정구각형이 있습니다. 각 ㉠의 크기를 구하시오.

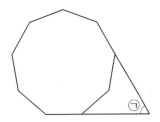

11 사각형 ㄱㄴㄷㄹ은 정사각형이고, 삼각형 ㅁㄴㄷ은 정삼각형입니다. 각 ㅂㅁㄴ의 크기를 구하시오.

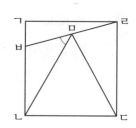

12 오른쪽 그림과 같이 삼각자 2개를 겹쳐 놓았을 때, 각 ㉠과 각 ㉡의 크기를 각각 구하시오.

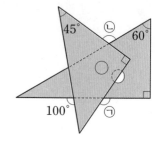

13 [그림 1]의 사다리꼴을 [그림 2]와 같이 늘어놓으려면 사다리꼴은 모두 몇 개 필요합니까?

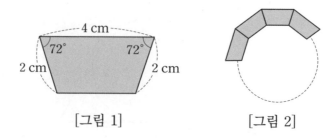

[그림 1]   [그림 2]

14 1000 m를 달리는 데 형은 4분, 동생은 4분 24초 걸린다고 합니다. 이와 같은 빠르기로 동생이 1000 m를 달리는 데 형이 동시에 결승선에 도착하려면 형은 동생보다 몇 m 뒤에서 동시에 출발하여야 합니까?

15 오른쪽 그래프는 250 L 들이 수조에 일정한 양의 물을 계속 넣으면서 도중에 20분 동안 1분에 8 L씩 물을 빼냈을 때, 물의 양과 시간의 관계를 나타낸 것입니다. ㉠과 ㉡에 알맞은 수를 찾아 ㉠＋㉡의 값을 구하시오.

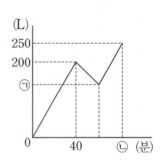

16 열차의 길이는 208 m이고, 다리의 길이는 272 m입니다. 이 열차가 다리를 완전히 건너가는 데 18초가 걸렸다면 열차는 한 시간에 몇 km를 달리겠습니까? (단, 열차의 빠르기는 일정합니다.)

17 30명의 사람이 회의장에 모여 모두 서로 한 번씩 다른 사람과 악수를 하려고 합니다. 각각 악수를 하는 데 30초가 걸리고, 각 30초 동안에 15쌍이 악수를 한다면 악수를 모두 끝내는 데는 몇 분 몇 초가 걸리겠습니까?

18 어떤 수 ★을 17로 나눈 나머지와 23으로 나눈 나머지의 합을 <★>이라고 약속합니다. 예를 들어 30을 17로 나눈 나머지는 13이고, 30을 23으로 나눈 나머지는 7이므로 <30>＝13＋7＝20입니다. 이때 다음 식의 값을 구하시오.

$$<100>＋<101>＋<102>＋<103>＋\cdots＋<149>＋<150>$$

19 무등산에서 서울까지 수박을 운반하는 데 깨뜨리지 않고 운반했을 경우 운반비로 한 개에 1400원을 받고, 만일 운반 도중에 한 개를 깰 경우 운반비를 받지 못할 뿐만 아니라 14000원씩 물어냅니다. 수박 400개를 무등산에서 서울까지 운반해 주고 운반비로 221200원을 받았다면 운반 도중에 깨진 수박은 모두 몇 개입니까?

20 세 개의 막대 ㉮, ㉯, ㉰의 길이의 합은 960 cm입니다. 이 세 개의 막대를 높이가 일정한 물통에 수직으로 세웠더니 막대 ㉮의 $\frac{3}{4}$, 막대 ㉯의 $\frac{4}{5}$, 막대 ㉰의 $\frac{5}{6}$ 가 수면 위로 올라왔습니다. 이 물통의 물의 높이를 구하시오.

21 오른쪽 표와 같이 수를 차례로 나열하였습니다. 어떤 수를 골라서 어떤 수와 어떤 수의 위, 아래에 놓인 수의 합을 구하려고 합니다. 세 수의 합이 332가 되려면 어떤 수를 골라야 합니까?

	1열	2열	3열	4열
1행	1	2	3	4
2행	8	7	6	5
3행	9	10	11	12
4행	16	15	14	13
5행	17	18		
⋮	⋮	⋮	⋮	⋮

22 가영이와 예슬이는 둘레가 600 m인 연못을 돌기로 했습니다. 가영이는 1분에 150 m를 달리고 한 바퀴를 돌 때마다 5분씩 쉬기로 하였습니다. 예슬이도 가영이와 같은 빠르기로 달리는 데 500 m를 달릴 때마다 3분씩 쉬기로 하였습니다. 두 사람이 동시에 달리기 시작하여 5바퀴를 도는 데 걸리는 시간의 차는 몇 분입니까?

23 길이가 20 cm인 빨간 양초와 노란 양초가 있습니다. 두 양초에 불을 붙이고, 15분 후에 빨간 양초의 길이를 재었더니 $17\dfrac{1}{6}$ cm였고, 20분 후에 노란 양초의 길이를 재었더니 $16\dfrac{5}{6}$ cm였습니다. 두 양초에 불을 붙인 지 1시간이 되었을 때, 어떤 양초의 길이가 얼마나 더 짧은지 구하시오.

24 그림과 같이 바둑돌을 규칙적으로 늘어놓을 때, 10번째 모양에는 무슨 색 바둑돌이 몇 개 더 많습니까?

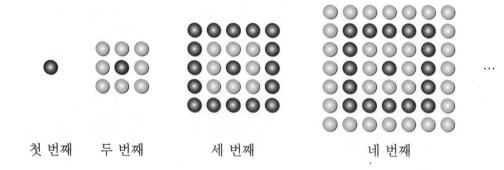

첫 번째   두 번째   세 번째   네 번째

25 점 36개로 이루어진 다음과 같은 점판이 있습니다. 점 3개를 꼭짓점으로 하는 크기가 다른 정삼각형은 모두 몇 가지입니까? (단, 점 사이의 점선의 길이는 모두 같습니다.)

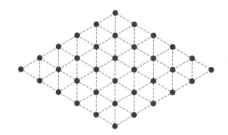

올림피아드 예상문제

1 A, B, C, D 네 개의 자연수의 합은 144입니다. A에 5를 더한 것과 B에서 5를 뺀 것과 C에 5를 곱한 것과 D를 5로 나눈 몫이 모두 같았습니다. A, B, C, D를 각각 구하시오.

2 규칙을 찾아 다음을 계산하시오.

$$2+4+8+16+\cdots+4096+8192+16384+32768$$

3 1부터 500까지의 수를 차례로 늘어놓아 큰 수 1234567891011⋯499500을 만들었습니다. 이 수에서 100개의 숫자를 지워서 가장 큰 수를 만들 때, 새로 만든 수에는 숫자 1이 모두 몇 개 있습니까?

4 수직선 위에 정사각형을 올려놓고 수직선을 따라 시계 방향으로 움직였습니다. 정사각형을 두 바퀴 반 움직였을 때, 점 ㉠이 위치한 곳을 쓰시오.

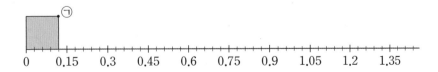

5 $\underbrace{1111\cdots 11}_{1500개}$을 9로 나누었을 때, 나머지는 얼마입니까?

6 오른쪽 그림과 같이 정육각형 2개를 붙여 놓은 도형이 있습니다. 이 도형의 10개의 꼭짓점 중 3개를 선택하여 삼각형을 만들 때, 직각삼각형은 모두 몇 개입니까?

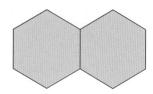

7 오른쪽 삼각형 ㄱㄴㄷ에서 변 ㄱㄴ과 변 ㄴㄷ의 길이는 같고, 각 ㄱㄴㄷ의 이등분선과 변 ㄱㄷ이 점 ㄹ에서 만납니다. 또, 각 ㄹㄷㅁ과 각 ㅁㄷㅂ의 크기가 같을 때, 각 ㉮의 크기를 구하시오.

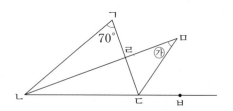

8 오른쪽 사각형 ㄱㄴㄷㄹ은 정사각형이고 삼각형 ㅂㄱㄹ과 삼각형 ㅁㄴㄷ은 정삼각형입니다. 각 ㉠과 각 ㉡의 크기의 합은 몇 도입니까?

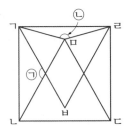

9 오른쪽 그림에서 각 가와 각 나의 크기의 합과 각 다와 각 라의 크기의 합을 비교하시오.

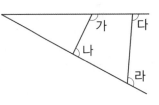

10 각각 일정한 양의 물이 나오는 3개의 수도꼭지 ㉠, ㉡, ㉢이 있습니다. 오른쪽은 500 L들이 빈 통에 수도꼭지 ㉠과 ㉡으로만 물을 받다가 도중에 수도꼭지 ㉡을 잠그고 잠시 후 수도꼭지 ㉢을 틀어 통에 담기는 물의 양을 나타낸 꺾은선그래프입니다. 수도꼭지 ㉡과 ㉢으로만 물을 받는다면 400 L들이 빈 통에 물을 가득 채우는 데는 몇 분이 걸립니까?

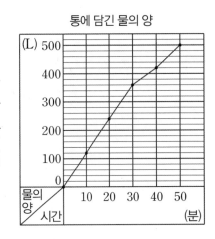

통에 담긴 물의 양

11 어느 연못 둘레에 6 m 간격으로 나무를 심을 때와 8 m 간격으로 나무를 심을 때는 40 그루의 차이가 납니다. 이 연못 둘레에 12 m 간격으로 나무를 심는다면 몇 그루의 나무가 필요합니까?

12 가영이는 가진 돈의 $\frac{1}{4}$로 인형을 사고 남은 돈의 $\frac{2}{3}$로 동화책을 샀습니다. 동화책의 값이 인형의 값보다 2500원 더 비싸다면 가영이가 처음에 가지고 있던 돈은 얼마입니까?

13 오른쪽 삼각형 ㄱㄴㄷ에서 각 ㄱㄴㄷ의 크기를 2등분하고 각 ㄴㄱㄷ의 크기를 3등분 하였을 때 각 ㄴㄹㄱ의 크기를 구하시오.

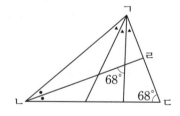

14 평행사변형 ㄱㄴㄷㄹ, 정삼각형 ㄹㅁㅂ을 한 꼭짓점이 만나게 겹쳐 놓았습니다. 각 ㅇㅈㅊ은 몇 도입니까?

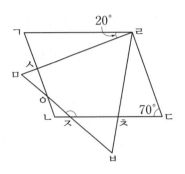

15 다음과 같이 수를 늘어놓았습니다. 이 수들의 합을 구하시오.

3	4	5	⋯	100	101	102
4	5	6	⋯	101	102	103
⋮	⋮	⋮	⋮	⋮	⋮	⋮
102	103	104	⋯	199	200	201

16 몇 개의 토마토와 그것을 넣을 수 있는 상자들이 있습니다. 한 상자에 12개씩 넣으면 상자 4개가 부족하고, 한 상자에 16개씩 넣으면 마지막 상자에는 토마토 12개가 부족합니다. 토마토는 모두 몇 개입니까?

17 바닥이 평평한 연못에 길이가 각각 다른 세 막대 ㉮, ㉯, ㉰를 바닥에 닿게 똑바로 세웠더니 ㉮는 전체의 $\frac{1}{3}$만큼, ㉯는 전체의 $\frac{1}{4}$만큼, ㉰는 전체의 $\frac{1}{6}$만큼 물에 잠겼습니다. 세 막대의 길이의 합이 $14\frac{5}{8}$ m일 때 ㉮ 막대의 길이는 몇 m입니까?

18 경찰관 6명이 오후 10시부터 다음 날 오전 6시까지 교대로 2명씩 3조가 순찰합니다. 순찰하지 않을 때에는 잠을 잔다면, 오후 10시부터 다음 날 오전 6시까지 한 사람이 몇 시간 몇 분을 잘 수 있습니까? (단, 모든 사람이 똑같은 시간 동안 순찰합니다.)

19 오른쪽 그림에서 찾을 수 있는 크고 작은 직사각형은 모두 몇 개입니까?

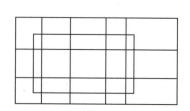

20 3에서 10까지의 수를 ○ 안에 한 번씩 넣어 각 대각선 위의 4개 수의 합과 각 사각형의 4개 꼭짓점 위의 수의 합이 모두 같도록 만드시오.

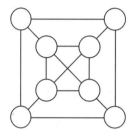

21 거리가 72 km 되는 강을 한 시간에 18 km를 가는 빠르기의 배를 타고 거슬러 올라가는 데 6시간이 걸렸습니다. 이 강을 내려올 때는 거슬러 올라갈 때의 배의 빠르기의 $\frac{1}{2}$ 로 내려온다면 내려오는 데 걸리는 시간은 몇 시간 몇 분입니까?

22 가, 나, 다, 라 4종류의 아이스크림이 있습니다. 가지고 있는 돈으로 가, 나, 다, 라 중 한 종류의 아이스크림만 산다면 각각 24개, 12개, 8개, 4개를 살 수 있습니다. 이 돈으로 가, 나, 다, 라의 아이스크림을 같은 개수씩 산다면 최대 몇 개씩 살 수 있습니까?

23 빠르기가 서로 다른 자동차 3대가 동시에 같은 곳을 출발하여 같은 길로 앞서가는 버스를 따라가고 있습니다. 이 3대의 자동차는 출발한 지 각각 4분, 8분, 16분이 지나자 버스를 따라잡을 수 있었습니다. 한 시간에 가장 빠르게 달리는 자동차는 32 km, 가장 느리게 달리는 자동차는 20 km를 갈 때, 중간 빠르기로 달리는 자동차는 한 시간에 몇 km를 갑니까?

24 오른쪽 도형에서 화살표 방향으로 갈 때, N에서 S로 갈 수 있는 서로 다른 길은 모두 몇 가지입니까?

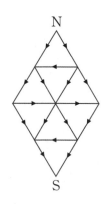

25 25개의 점이 일정한 간격으로 찍혀 있는 점 종이가 있습니다. 4개의 점을 꼭짓점으로 하여 만들 수 있는 서로 다른 모양의 마름모는 모두 몇 개입니까? (단, 밀기, 돌리기, 뒤집기를 했을 때 같은 모양은 1개로 생각합니다.)

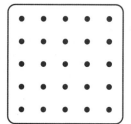

올림피아드 예상문제

1 4장의 숫자 카드 중 한 장이 뒤집어져 있습니다. 이 4장의 숫자 카드를 두 번씩 사용하여 8자리 수를 만들 때 가장 큰 수와 가장 작은 수의 차는 69735501입니다. 만들 수 있는 세 번째로 작은 수를 구했을 때, ㉠＋㉡＋㉢의 합을 구하시오.

세 번째로 작은 수 : ☐ ☐ ㉠ ☐ ㉡ ㉢ ☐ ☐

2 그림과 같이 수직선 위에 일정한 간격으로 가, 나, 다, 라 네 소수가 있습니다. 다와 라의 합이 가와 나의 합보다 1.28 더 크다면 나, 다, 라의 합은 얼마입니까? (단, 가는 0.8입니다.)

가　　나　　다　　라

3 어떤 소수의 덧셈 결과를 잘못하여 소수점을 빠뜨렸더니 바르게 계산한 결과와의 차이가 3116.52가 되었습니다. 바르게 계산한 결과를 ㉮라 할 때, ㉮의 각 자리의 숫자의 합은 얼마입니까?

4 유승이가 친구들을 만나러 가는데 1분에 70 m의 빠르기로 가면 약속 시각보다 6분이 늦고, 1분에 133 m의 빠르기로 가면 약속 시각보다 12분 이르다고 합니다. 유승이가 오후 1시에 출발한다고 하면, 약속한 시각은 오후 1시 몇 분입니까?

5 $[3.248]=3$, $\langle 3.248 \rangle =0.248$과 같이 어떤 수 □의 자연수 부분을 $[□]$, 소수 부분을 $\langle □ \rangle$로 나타낼 때 다음 식을 만족하는 소수 세 자리 수 □를 구하시오.

$$[□]-2\times\langle □ \rangle +0.572=\langle □ \rangle +20$$

6   각 자리의 숫자를 합하면 25가 되는 세 자리 수가 있습니다. 이 세 자리 수를 70으로 나누면 몫이 두 자리 수이고, 나머지의 각 자리의 숫자를 합하면 15가 됩니다. 이 세 자리 수는 얼마입니까?

7   오른쪽 그림과 같이 원의 둘레에 일정한 간격으로 12개의 점이 있습니다. 3개의 점을 연결하여 만들 수 있는 삼각형 중 직각삼각형은 모두 몇 개입니까?

8 그림에서 각 ㅂㄱㅅ과 각 ㅁㄱㅅ의 크기가 같을 때, 각 ㉠과 각 ㉡의 크기의 차를 구하시오.

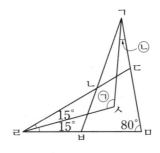

9 각 ㉠의 크기를 구하시오.

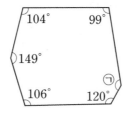

10 직선 가와 나가 평행할 때, 각 ㉠의 크기를 구하시오.

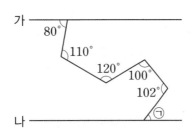

11 정사각형 모양의 종이에 원 1개를 그리면 이 원은 종이를 최대 5조각으로 나누고, 원 2개를 그리면 종이를 최대 9조각으로 나눕니다. 원 8개를 그리는 경우는 종이를 최대 몇 조각으로 나눌 수 있습니까?

 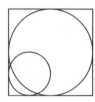 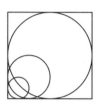 ···

12 도형에서 찾을 수 있는 크고 작은 삼각형은 모두 몇 개입니까?

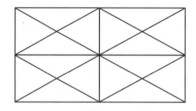

13 어느 해의 오전 9시 미세먼지 농도가 '좋음'인 날수를 조사한 막대그래프입니다. 막대그래프의 일부가 찢어져 보이지 않습니다. 4월부터 7월까지 오전 9시 미세먼지 농도가 '좋음'인 날은 모두 54일입니다. 7월은 6월보다 '좋음'인 날수가 4일 더 많습니다. 7월에 오전 9시 미세먼지 농도가 좋지 않았던 날은 모두 며칠입니까?

오전 9시 미세먼지 농도 '좋음'인 날수

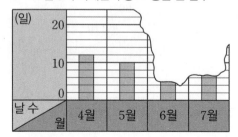

14 생산된 사탕을 상자와 봉지로 포장하여 파는 공장이 있습니다. 한 상자에 200개씩 포장해서 가게에 팔고, 나머지를 한 봉지에 15개씩 포장해서 시장에서 팔았습니다. 한 상자는 30000원씩, 한 봉지는 1800원씩 받았다면 사탕 4267개를 생산하여 판매한 금액은 모두 얼마입니까?

15 한 시간에 90 km씩 일정한 빠르기로 달리는 기차가 있습니다. 이 기차가 기차의 길이의 11배 되는 터널을 완전히 통과하는 데 1분이 걸렸다면, 이 기차의 길이는 몇 m입니까?

16 일정한 규칙으로 나열된 자연수 10개가 있습니다. 각각의 수는 앞의 수보다 4를 한 개씩 더 가지고 있습니다. 이러한 자연수 10개를 모두 합했을 때, 천의 자리의 숫자는 무엇입니까?

4, 44, ⋯, 444444444, 4444444444

17 다음과 같이 디지털 숫자가 쓰여 있는 카드를 한 번씩만 사용하여 가장 큰 세 자리 수를 만들었습니다. 만든 수를 오른쪽으로 뒤집기 한 수를 ㉠, 아래쪽으로 뒤집기 한 수를 ㉡, 시계 방향으로 180°만큼 돌린 수를 ㉢이라 할 때, ㉠+㉡-㉢을 구하시오.

18 정사각형 모양의 카드가 여러 장 있습니다. 이 카드를 빈틈없이 늘어놓아 어떤 정사각형을 만들고 나니 28장이 남았습니다. 그래서 가로와 세로를 1줄씩 더 늘렸더니 아직도 5장이 남았습니다. 카드는 모두 몇 장 있습니까?

19 2❀7＝20, 4❀3＝18, 5❀9＝33을 나타낼 때, 다음을 계산하시오.

$$\frac{1❀8}{3❀10} + \frac{6❀6}{5❀7}$$

20 큰 정삼각형의 각 변을 8등분 하여 그림과 같이 작은 삼각형으로 나누었습니다. 큰 정삼각형의 넓이가 128이라면, 그림에서 굵은 선으로 둘러싸인 삼각형의 넓이는 얼마입니까?

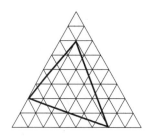

21 영수와 한별이가 게임을 하였습니다. 기본 점수로 각각 15점씩 가지고 이긴 사람은 4점을 얻고 진 사람은 1점을 잃는다고 합니다. 30번의 게임을 한 결과 영수가 한별이보다 30점이 더 높았다면, 영수의 점수는 몇 점입니까? (단, 비기는 경우는 없습니다.)

22 대각선의 개수가 252개인 정다각형이 있습니다. 이 다각형에서 변과 변끼리 만나 이루는 작은 쪽의 각 하나의 크기는 몇 도입니까?

23 다음과 같이 규칙적으로 변하는 도형이 있습니다. 6번째 도형에서 찾을 수 있는 크고 작은 삼각형은 모두 몇 개입니까?

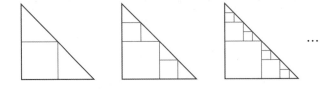

24 오른쪽 그래프는 물이 가득 들어 있는 800 L들이 물 탱크에서 A, B 두 개의 배수구를 열어 물을 뺀 시간과 물 탱크에 남아 있는 물의 양의 관계를 나타낸 것입니다. A, B 두 개의 배수구를 동시에 열어 24분 동안 물을 빼다가 A 배수구를 막고 B 배수구 만으로 24분 동안 물을 뺐습니다. 다시 B 배수구는 막고 A 배수구만 열어 물을 빼면서 1분에 20 L씩 물이 나오는 수도를 틀어 물을 받았습니다. 물을 받기 시작한 지 몇 분 만에 물 탱크에 물이 가득 차겠습니까?

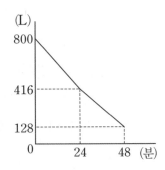

25 오른쪽 그림에서 찾을 수 있는 크고 작은 사각형은 모두 몇 개입니까?

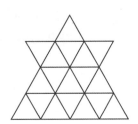

올림피아드 예상문제

1 서로 다른 숫자 카드를 두 번씩 사용하여 4000억에 가장 가까운 12자리 수를 만들려고 합니다. 그중 카드 한 장은 뒤집어져 숫자가 보이지 않습니다. 이때 천억의 자리 숫자가 4이면서 가장 작은 수와 천억의 자리 숫자가 3이면서 가장 큰 수의 차는 11668913388 입니다. 4000억에 가장 가까운 수를 구하여 일억의 자리에 쓰인 숫자, 천의 자리에 쓰인 숫자의 합을 구하시오.

2 다음의 계산 결과를 4로 연속하여 나눌 때, 몇 회째에 처음으로 4로 나누어떨어지지 않 겠습니까?

$$1 \times 2 \times 3 \times \cdots \times 15 \times 16 \times 17$$

3 다음 식에서 ※의 규칙을 찾아, ☐ 안에 알맞은 수를 구하시오.

$$2 ※ 1 = 1 \times 1$$
$$4 ※ 5 = 5 \times 5 \times 5 \times 5$$
$$3 ※ 3 = 3 \times 3 \times 3$$

$$4 ※ (\boxed{} ※ 2) = 65536$$

4 어떤 소수와 그 소수의 소수점을 빠뜨린 자연수의 차가 874.8일 때, 소수점을 빠뜨린 자연수는 무엇입니까?

5 다음과 같은 규칙으로 수를 늘어놓았습니다. 50번째 괄호 안에 놓이는 수의 합을 구하시오.

$$(1, 1, 1), (2, 4, 8), (3, 9, 27), \cdots$$

6 합이 3000인 두 자연수가 있습니다. 큰 수를 작은 수로 나누었을 때, 몫이 5이고 나머지가 54인 두 자연수를 각각 구하시오.

7 오른쪽 그림은 사각형 모양의 종이를 접은 것입니다. 각 ㉠의 크기는 몇 도입니까?

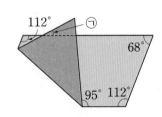

8 오른쪽 그림과 같이 선분 ㄱㅂ과 ㅁㄹ, 선분 ㄱㄴ과 ㄹㄷ, 선분 ㄹㄷ과 ㅁㅂ이 각각 평행할 때, 도형의 둘레의 길이를 구하시오.

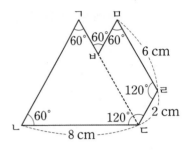

9 오른쪽 그림에서 각 ㉠은 각 ㉡보다 몇 도 더 큽니까?

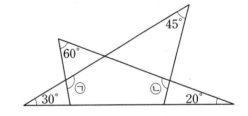

10 오른쪽과 같이 정십이각형에 대각선을 2개 그었습니다. ㉠과 ㉡의 각도의 차를 구하시오.

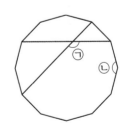

11 그림에서 각 ①부터 각 ⑪까지의 크기의 합을 구하시오.

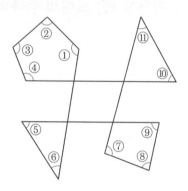

12 다음 도형에서 찾을 수 있는 크고 작은 사각형의 개수는 모두 몇 개입니까?

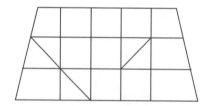

13 구슬을 보기와 같이 가운데가 빈 정사각형 모양으로 늘어놓았더니 가장 바깥쪽 둘레에 놓인 개수와 가장 안쪽 둘레에 놓인 개수의 차는 32개였습니다. 가장 바깥쪽의 한 변에 놓인 구슬의 개수가 28개일 때, 늘어놓은 구슬은 모두 몇 개입니까?

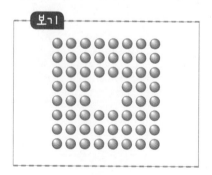

보기

14 오른쪽 그림에서 직선 가와 나는 서로 평행합니다. 직선 가와 나 사이의 거리가 48 cm일 때, 선분 ㄱㄹ의 길이는 몇 cm입니까? (단, 직각삼각형에서 가장 긴 변을 ㉮라 하고, 나머지 두 변을 ㉯, ㉰라고 했을 때, ㉯×㉯＋㉰×㉰＝㉮×㉮입니다.)

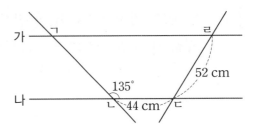

15 무게가 같은 가, 나 두 바구니에 딸기가 있습니다. 나 바구니에서 8 kg을 꺼내어 가 바구니에 넣으면 두 바구니의 무게가 같게 되고, 가 바구니에서 8 kg을 꺼내어 나 바구니에 넣으면 나 바구니의 딸기 무게가 가 바구니의 딸기 무게의 3배가 됩니다. 두 바구니에는 딸기가 각각 몇 kg씩 있습니까?

16 어떤 책 한 권의 쪽수를 1쪽부터 순서대로 인쇄하는 데 사용하는 숫자의 개수는 모두 1032개입니다. 이 책은 모두 몇 쪽으로 되어 있습니까?

17 한 변의 길이가 15 cm인 정사각형 모양의 종이를 세로가 15 cm인 직사각형 모양 몇 개로 자른 후 각각의 직사각형의 둘레를 모두 더하였더니 처음 정사각형의 둘레의 길이의 3배가 되었습니다. 몇 개의 직사각형으로 나누었습니까?

18 정사각형 모양의 색종이 108장을 직사각형 모양으로 배열한 후 가로로 한 줄을 걷어내고, 다시 세로로 2줄을 걷어 내었더니 80장의 색종이가 남았습니다. 처음 배열한 직사각형의 둘레에 있는 색종이는 최대 몇 장이었습니까?

19 예슬이는 9000원, 가영이는 6000원을 내어 같은 값의 공책을 몇 권 샀습니다. 산 공책을 나누어 가질 때, 예슬이는 가영이보다 4권을 더 많이 가져서 가영이에게 1500원을 주었습니다. 공책 한 권의 값을 구하시오.

20 가, 나 두 열차가 마주 보고 달리고 있습니다. 가 열차는 1초에 34 m의 빠르기로 달리고 길이는 270 m이고, 나 열차의 길이는 290 m입니다. 이 두 열차가 스쳐 지나가는 데 8초가 걸렸을 때, 나 열차는 1초에 몇 m씩 달리겠습니까?

21 A와 B 두 공장에서 어떤 물건을 생산하였습니다. A공장은 B공장보다 물건을 12개 적게 생산하였고, A 공장의 생산량은 B 공장의 생산량의 $\frac{29}{35}$입니다. A와 B 공장에서 생산한 물건은 모두 몇 개입니까?

22 어느 고속도로에 100 km마다 창고가 한 개씩 있습니다. 짐이 가 창고에는 30 kg, 나 창고에는 25 kg, 다 창고에는 50 kg, 라 창고에는 20 kg, 마 창고에는 10 kg 있습니다. 이 짐을 모두 한 창고에 모으려고 합니다. 1 kg의 짐을 1 km 운반하는 데 100원의 운송비가 든다고 할 때, 운송비가 가장 많이 들 때와 가장 적게 들 때의 운송비의 차를 구하시오.

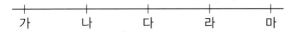

가　　나　　다　　라　　마

23 오른쪽 〈그림1〉은 들이가 160 L인 욕조를 가득 채우기 위하여 가, 나 두 개의 수도를 동시에 틀어 물을 받다가 얼마 후부터 가 수도는 잠 그고 나 수도만 사용하여 물을 받은 것을 나타낸 그래프입니다.

〈그림2〉은 가, 나 두 개의 수도를

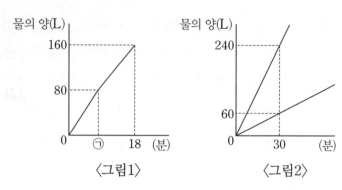

서로 다른 욕조에 틀어 놓았을 때 시간에 따라 물이 받아지는 양을 나타낸 그래프입니다. ㉠의 값을 구하고, 물을 800 L 받으려고 할 때, 어느 수도를 튼 욕조가 몇 분 더 빨리 물을 받을 수 있겠습니까? (단, ㉠＞6입니다.)

24 도형에서 화살표를 따라 점 ㉮에서 점 ㉯로 가는 방법은 모두 몇 가지입니까?

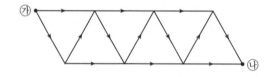

25 정사각형에 대각선을 그은 모양을 다음과 같은 규칙으로 그려나갈 때, 15번째 모양에서 찾을 수 있는 크고 작은 이등변삼각형의 개수는 ㉠개, 크고 작은 마름모의 개수는 ㉡개입니다. 이때 ㉠＋㉡의 값을 구하시오.

  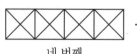 …

첫 번째   두 번째   세 번째   네 번째

Olympiad

10 10 10 10 10 10 10 10 10 10 10 10 10 10 10 10 10
10 10 10 10 10 10 10 10 10 10 10 10 10 10 10 10 10
10 10 10 10 10 10 10 10 10 10 10 10 10 10 10 10 1
10 10 10 10 10 10 10 10 10 10 10 10 10 10 10 10
10 10 10 10 10 10 10 10 10 10 10 10 10 10 10 10
10 10 10 10 10 10 10 10 10 10 10 10 10 10 10 10 10

기출문제

올림피아드

1 어떤 세 자리 수가 있습니다. 이 수를 70으로 나누면 몫은 두 자리 수이고, 나머지는 29 입니다. 몫이 될 수 있는 수 중에서 가장 큰 수는 얼마입니까?

2 영수네 아버지는 집에서 기르던 닭 중의 $\frac{1}{4}$을 팔러 갔다가 닭을 팔지 않고 6마리를 더 사왔습니다. 지금 영수네 집에 있는 닭은 팔러 갈 때 집에 남았던 닭의 2배입니다. 처음 영수네 집에는 닭이 몇 마리 있었습니까?

3 1795개의 귤이 있습니다. 이것을 100개들이와 70개들이 상자에 담았더니 상자는 모두 21상자가 되었고, 55개의 귤이 남았습니다. 100개들이 상자는 몇 상자입니까?

4 연못에 떠 있는 개구리밥은 24시간마다 2배로 증가합니다. 연못의 개구리밥이 36일째 에 연못을 완전히 덮었다면, 연못의 $\frac{1}{8}$쯤 덮였을 때는 며칠째였습니까?

5 20명의 사람이 회의장에 모여 모두 서로 한 번씩 다른 사람과 악수를 하려고 합니다. 각각 악수를 하는 데 10초가 걸리고, 각 10초 동안에 10쌍이 악수를 할 수 있다면, 악수를 모두 끝내는 데는 몇 초가 걸리겠습니까?

6 오른쪽 그림과 같이 가, 나, 다의 직선이 있습니다. 직선 가의 위에서 시작하여 화살표 방향으로 1부터 차례로 자연수를 씁니다. 예를 들면 9는 직선 다 위의 3번째 수입니다. 직선 가 위의 50번째 수와 직선 나 위의 80번째 수의 합은 직선 다 위의 □번째 수입니다. □ 안에 알맞은 수는 얼마입니까?

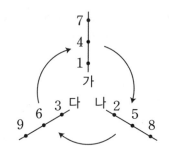

7 A 시계는 1시간에 2분 40초씩 빨라지고 B 시계는 1시간에 1분 20초씩 느려집니다. 동시에 두 시계를 같은 시각에 정확히 맞춘 후 일정 시간이 흘러 B 시계가 5시를 가리킬 때, A 시계는 6시를 가리켰습니다. 이때의 정확한 시각은 ■시 ▲분입니다. ■＋▲의 값을 구하시오.

8 다음은 어떤 규칙에 의하여 분수를 늘어놓은 것입니다. 분자와 분모의 합이 1261이 되는 분수는 몇 번째 분수입니까?

$$\frac{1}{12}, \quad \frac{3}{16}, \quad \frac{5}{20}, \quad \frac{7}{24}, \quad \cdots$$

9 사과를 사는 데 가지고 있는 돈의 $\frac{1}{3}$보다 800원을 더 쓰고, 배를 사는 데 남은 돈의 $\frac{1}{4}$보다 2400원을 더 쓰고 나니 남은 돈이 없었습니다. 처음에 가지고 있던 돈의 $\frac{1}{10}$은 얼마입니까?

10 ㉮ 바구니에 담긴 배의 무게는 ㉯ 바구니에 담긴 배의 무게의 3배이고, ㉮ 바구니에서 배 25 kg을 꺼내어 ㉯ 바구니에 담으면 두 바구니에 담긴 배의 무게가 같게 됩니다. 두 바구니에 담긴 배의 무게의 합은 몇 kg입니까?

11 □로 묶은 한 곳의 여섯 개의 수의 합은 96입니다. 이와 같은 방법으로 여섯 개의 수를 □로 묶어 합이 666일 때, 그 여섯 개의 수 중에서 가장 큰 수는 얼마입니까?

행＼열	가	나	다	라	마	바	사	아
1	1	2	3	4	5	6	7	8
2	9	10	11	12	13	14	15	16
3	17	18	19	20	21	22	23	24
4	25	26	27	28	29	30	31	32
⋮	⋮	⋮	⋮	⋮	⋮	⋮	⋮	⋮

12 오른쪽 그림에서 선분 ㄱㄴ, ㄴㄷ, ㄷㄹ, ㄹㅁ, ㅁㅂ의 길이가 모두 같을 때, 각 ㄴㄱㄷ은 몇 도입니까?

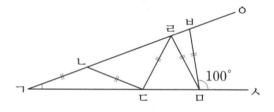

13 오른쪽 그림에서 각 ㄷㅁㅂ은 몇 도입니까? (단, 같은 표시는 같은 크기의 각을 나타냅니다.)

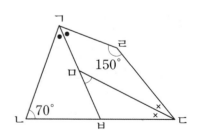

14 오른쪽 도형에서 각 ㄷㄹㅁ의 크기는 60°, 선분 ㅁㄹ의 길이는 8 cm일 때, 선분 ㄱㄹ의 길이는 몇 cm입니까? (단, 같은 표시는 같은 크기의 각을 나타냅니다.)

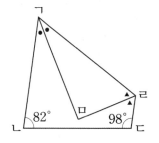

15 2월이 28일까지 있는 어느 해의 어린이 날이 월요일이었습니다. 그 해의 꼭 중간이 되는 날은 몇 번째 요일입니까? (단, 일요일을 첫 번째 요일, 월요일을 두 번째 요일, 화요일을 세 번째 요일, …, 토요일을 일곱번 째 요일로 생각하여 답하시오.)

16 수를 규칙적으로 늘어놓을 때, 79번째 수와 100번째 수의 차를 7배 한 값을 구하시오.

$$1, \ 1, \ \frac{1}{2}, \ 1, \ \frac{2}{3}, \ \frac{1}{3}, \ 1, \ \frac{3}{4}, \ \frac{2}{4}, \ \frac{1}{4}, \ 1, \ \frac{4}{5}, \ \frac{3}{5}, \ \cdots$$

17 어떤 수를 3으로 나누어야 할 것을 잘못하여 20으로 나누었더니 몫과 나머지가 바뀌었습니다. 어떤 수가 될 수 있는 수 중 가장 작은 자연수를 구하시오.

18 오른쪽 곱셈에서 세 자리 수 ㄱㄴㄷ을 구하시오. (단, 서로 다른 문자는 서로 다른 숫자를 나타냅니다.)

$$
\begin{array}{r}
\text{ㄱㄴㄷ} \\
\times \quad \text{ㄹㅁ} \\
\hline
3\ 1\ 3\ 8 \\
2\ 0\ 9\ 2 \\
\hline
2\ 4\ 0\ 5\ 8 \\
\end{array}
$$

19 공책이 상자에 가득 들어 있습니다. 어느 학급에서 이 공책을 나누어 주는데 한 명에게 6권씩 주면 4권이 남게 되고, 10권씩 3명에게 주고 나머지 학생들에게는 7권씩 주면 41권이 부족해집니다. 상자에 들어 있는 공책은 모두 몇 권입니까?

20 1에서 9까지의 숫자를 한 번씩만 사용하여 (네 자리 수)×(세 자리 수)의 곱셈식을 만들려고 합니다. 곱을 가장 작게 할 때, 세 자리 수는 무엇입니까?

21 4개의 자연수 ㉮, ㉯, ㉰, ㉱가 있습니다. ㉮×㉯＝36, ㉯×㉰＝60, ㉯×㉱＝72이고, ㉮＋㉯＋㉰＋㉱의 값이 100보다 작은 홀수가 될 때, ㉰×㉱의 값은 얼마입니까?

22 보기 에서 ＊, ★, △의 규칙을 이용하여 □ 안에 알맞은 수를 구하시오.

> **보기**
>
> 2＊3＝10 　2★3＝3 　1△2＝9
>
> 3＊4＝14 　4★7＝7 　2△3＝25
>
> 4＊5＝18 　8★4＝8 　3△4＝49

$$(\boxed{}\ ＊\ 8)\ ★\ 39＝3△7$$

23 다음 그림에서 ●을 포함하는 크고 작은 사각형의 개수는 몇 개입니까?

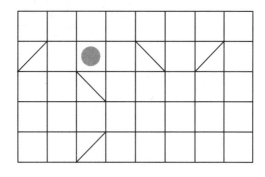

24 그림과 같이 장애물이 있는 도로가 있습니다. 장애물이 있는 곳은 지나가지 못한다고 할 때, 물음에 답하시오.

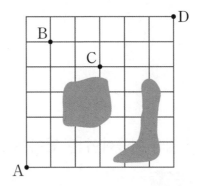

(1) A에서 B를 거쳐 D까지 가장 짧은 거리로 가는 방법은 몇 가지입니까?

(2) A에서 C를 거쳐 D까지 가장 짧은 거리로 가는 방법은 몇 가지입니까?

(3) A에서 D까지 가장 짧은 거리로 가는 방법은 모두 몇 가지입니까?

25 검은색 바둑돌과 흰색 바둑돌을 사용하여 다음과 같이 규칙적으로 늘어놓았습니다. 물음에 답하시오.

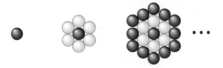

(1) 5번째에서 사용된 검은색 바둑돌은 몇 개입니까?

(2) 7번째에서 사용된 바둑돌은 모두 몇 개입니까?

(3) 331개의 바둑돌을 사용하여 만든 것은 몇 번째에 오게 될 그림입니까? 또, 이때 사용된 흰색 바둑돌은 몇 개입니까?

올림피아드 기출문제

1 어떤 세 자리 수의 오른쪽에 55를 놓아 다섯 자리 수를 만들었습니다. 이 다섯 자리 수와 처음 세 자리 수의 차가 46288일 때, 처음 세 자리 수는 얼마입니까?

2 다음은 어떤 규칙에 의하여 분수를 늘어놓은 것입니다. 분자와 분모의 합이 901이 되는 분수는 몇 번째 분수입니까?

$$\frac{1}{9}, \ \frac{4}{15}, \ \frac{7}{21}, \ \frac{10}{27}, \ \cdots$$

3 $6.92+5.08+7.37+9.24+7.72$에서 한 수의 소수점을 빠뜨리고 잘못 계산하여 800.61이 되었습니다. 소수점을 빠뜨린 수는 다음 중 어느 것입니까?

① 6.92 　　② 5.08 　　③ 7.37 　　④ 9.24 　　⑤ 7.72

4 $1+2-3-4+5+6-7-8+9+\cdots+1998-1999-2000+2001+2002-2003-2004+2005$를 계산하시오.

5 1에서 200까지의 자연수가 쓰여 있습니다. 우선 숫자 2가 있는 자연수를 모두 지운 후, 남은 자연수 중에서 숫자 4가 있는 자연수를 모두 지우고, 다시 남은 자연수 중에서 숫자 8이 있는 자연수를 모두 지우면, 몇 개의 자연수가 남겠습니까?

6 빈 통에 물을 가득 받는데 A 수도관으로는 1분에 통의 $\frac{1}{6}$씩 채울 수 있고, B 수도관으로는 3분에 통의 $\frac{3}{6}$씩 채울 수 있고, C 수도관으로는 6분에 통의 $\frac{3}{6}$씩 채울 수 있다고 합니다. A, B, C 세 수도관을 동시에 틀어 계속 이 통에 물을 받는다면, 몇 초 후에 물통에 물이 가득 차겠습니까?

7 5장의 숫자 카드 A, 5, 3, 4, 7을 한 번씩 사용하여 가장 큰 수와 가장 작은 수를 만들었을 때, 그 합이 98889가 되었습니다. A는 어떤 숫자인지 구하시오.

8 서로 다른 자물쇠 15개와 이 자물쇠에 각각 맞는 열쇠가 15개 있는데, 어느 것이 맞는 짝인지 모릅니다. 적어도 몇 번을 열어 보아야 자물쇠와 열쇠의 짝을 모두 맞출 수 있겠습니까?

9 예슬이네 학교 4학년 학생들은 체육 시간에 22명씩 짝짓기놀이를 하였는데 짝을 짓지 못한 학생은 19명이었습니다. 4학년은 9개의 반이 있고, 학생 수가 가장 많은 반은 35명이며, 가장 적은 반은 28명이라고 합니다. 예슬이네 학교 4학년 학생 수가 가장 많을 경우 몇 명이라고 할 수 있습니까?

10 무게가 다른 A, B, C, D 네 종류의 구슬이 있습니다. 각 저울들은 그림과 같이 평형을 이루고 있습니다. B 구슬의 무게는 몇 g입니까?

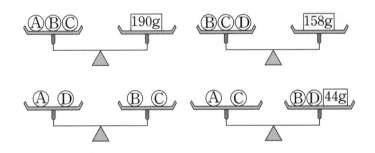

11 다섯 개의 숫자 1, 3, 5, 7, 9를 한 번씩만 사용하여 (세 자리 수)×(두 자리 수)를 만들었을 때, 그 곱이 가장 큰 경우와 두 번째로 큰 경우의 곱의 차는 얼마입니까?

12 나눗셈에서 AB와 7C는 두 자리 수를 나타내고 있습니다. A, B, C가 서로 다른 숫자를 나타낸다면 A+B+C의 값은 얼마입니까?

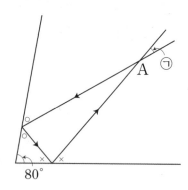

13 그림과 같이 A지점을 통과한 빛이 벽을 만나면 벽과 만나는 각도와 같은 크기로 반사되어 다시 A지점을 통과하였을 때, 각 ㉠의 크기는 몇 도입니까?

14 5 km를 달리는 데 형은 25분, 동생은 27분 30초 걸린다고 합니다. 이와 같은 빠르기로 동생이 5 km를 달리는 데 형이 동시에 결승선에 도착하려면, 형은 동생보다 몇 m 뒤에서 동시에 출발하여야 합니까?

15 선분 ㄷㅁ과 선분 ㄹㅁ은 각각 각 ㄱㄷㄴ과 각 ㄱㄹㄴ을 이등분한 선일 때, 각 ㄷㅁㄹ의 크기는 몇 도입니까?

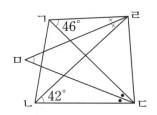

16 오른쪽 도형에서 찾을 수 있는 크고 작은 평행사변형은 모두 몇 개입니까?

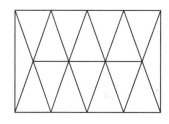

17 오른쪽 원 위에 찍힌 8개의 점 중에서 세 개의 점을 꼭짓점으로 하여 만들 수 있는 삼각형은 모두 몇 개입니까?

18 오른쪽 그래프는 216 L의 물이 들어 있는 물 탱크에서 가, 나 두 개의 수도꼭지로 사용하고 남은 물의 양을 나타낸 것입니다. 처음부터 14분까지는 가, 나 두 개의 수도꼭지를, 26분까지는 나 수도꼭지만을, 32분까지는 가, 나 두 개의 수도꼭지를 사용했습니다. 처음부터 가 수도꼭지만 사용했다면, 이 물 탱크의 물을 모두 사용하는 데는 최소한 몇 분이 걸렸겠습니까?

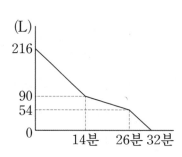

19 위, 앞, 옆에서 본 모양이 다음과 같이 되도록 쌓기나무를 쌓을 때, 쌓기나무는 최소 몇 개가 필요합니까?

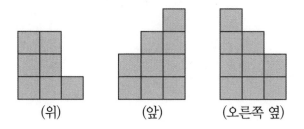

(위)   (앞)   (오른쪽 옆)

20 가로, 세로, 대각선 각각의 세 수의 합이 모두 같을 때, ㉮, ㉯, ㉰, ㉱에 들어갈 4개의 수 중 가장 큰 수와 가장 작은 수의 차는 얼마입니까?

21 오른쪽 도형에서 찾을 수 있는 크고 작은 사각형은 모두 몇 개입니까?

22 지혜와 영수 두 사람은 오른쪽 그림과 같은 원 모양의 산책로를 따라 걷기 시작하였습니다. 원의 둘레의 정확히 절반만큼 떨어진 지점에서 출발하여 지혜는 시계 방향으로 영수는 시계 반대 방향으로 서로 다른 빠르기로 걸었습니다. 지혜가 150 m 걸었을 때 처음으로 지혜와 영수가 만났고, 계속 걸어서 영수가 처음 출발 지점보다 60 m 못간 지점에서 두 번째로 만났다면, 이 산책로의 둘레는 몇 m입니까?

23 효근, 한초, 가영, 예슬 네 사람이 ○, ×로 표시하는 시험을 보고 서로의 결과를 비교해 보았습니다. 네 사람은 다음 표와 같이 ○, ×로 표시하였더니 효근이와 한초는 각각 70점씩, 가영이는 60점을 얻었습니다. 이때, 예슬이가 얻은 점수는 몇 점입니까?

(단, 각 문제당 맞히면 10점씩 얻습니다.)

	1번	2번	3번	4번	5번	6번	7번	8번	9번	10번	얻은 점수
효근	×	○	○	×	○	○	×	×	○	×	70
한초	○	○	×	×	×	○	○	○	×	×	70
가영	×	×	×	○	○	×	○	×	×	○	60
예슬	×	○	×	○	○	×	×	○	×	○	

24 보기와 같이 평면 위에 길이가 1 cm인 선분 2개를 일직선 또는 직각이 되도록 붙여서 그릴 수 있는 모양은 2가지입니다. 길이가 1 cm인 선분 4개를 일직선 또는 직각이 되도록 붙여서 그릴 수 있는 모양은 몇 가지인지 모두 그려 보시오. (단, 도형 움직이기에 의해서 겹쳐지는 것은 같은 것입니다.)

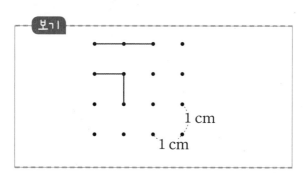

25 다음 그림은 일정한 간격으로 25개의 점을 배열한 점판입니다. 이 점판에 모양이 서로 다른 직각삼각형을 모두 그려 넣으시오. (단, 도형 움직이기에 의해서 겹쳐지는 것은 같은 것입니다.)

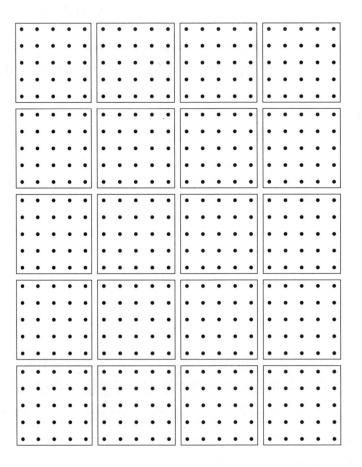

올림피아드 기출문제

1 A는 51부터 80까지의 자연수의 합이고, B는 81부터 110까지의 자연수의 합일 때, B는 A보다 얼마만큼 더 큽니까?

2 어느 학교의 4학년 남학생은 4학년 전체의 $\frac{5}{9}$보다 25명이 적고, 4학년 여학생은 4학년 전체의 $\frac{3}{9}$보다 71명이 많습니다. 4학년 전체 학생 수는 몇 명입니까?

3 A, B, C 세 사람이 사탕 595개를 나누어 가지려고 합니다. B는 A보다 15개 더 많게, C는 B보다 25개 더 많게 가졌습니다. C가 가진 사탕은 몇 개입니까?

4 다음과 같이 수를 규칙적으로 늘어놓았습니다. 처음으로 네 자리 자연수가 놓이는 것은 몇 번째입니까?

$$19, \ 33, \ 47, \ 61, \ 75, \ 89, \cdots$$

5 오른쪽 그림에서 △로 표시한 각의 크기가 같을 때, 각 ㄴㄱㄷ의 크기는 몇 도입니까?

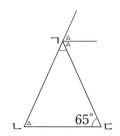

6 방범대원 7명이 오후 8시 30분부터 다음 날 오전 7시까지 교대로 2명씩 똑같은 시간을 순찰한다고 할 때, 한 사람당 몇 분씩 순찰해야 합니까?

7 긴 의자가 있습니다. 의자 하나에 4명씩 앉으면 11명이 서 있게 되고, 5명씩 앉으면 의자가 1개 남고 마지막 의자에는 4명이 앉게 됩니다. 사람 수는 몇 명입니까?

8 한초네 학교에서는 반별 합창대회를 열어 1, 2, 3등한 반에 상품으로 연필을 주기로 하였습니다. 1등한 반에는 2등의 2배보다 7자루 더 많이 주고, 2등한 반에는 3등의 3배를 줍니다. 상품으로 줄 연필은 127자루이고 1, 2, 3등은 각각 한 반씩이라면 1등한 반과 2등한 반에 줄 연필 수의 차는 몇 자루입니까?

9 다음 숫자 카드 5장을 두 번까지 사용하여 만든 여덟 자리 수 중에서 20024668보다 작은 수는 모두 몇 개입니까?

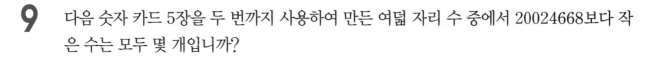

10 다음과 같은 수 카드 중에서 2장을 뽑아 분수를 만들 때, 2보다 큰 분수는 몇 개 만들 수 있습니까?

11 다음과 같은 규칙으로 점을 찍을 때, 34번째 점은 모두 몇 개가 되겠습니까?

첫 번째   두 번째   세 번째   네 번째

12 6개의 직선 가, 나, 다, 라, 마, 바가 오른쪽과 같이 만날 때, 각 ㉠과 각 ㉡의 크기의 합은 몇 도입니까?

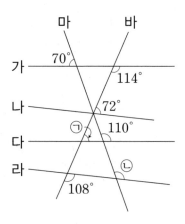

13 수가 다음과 같이 규칙적으로 놓여 있습니다. 처음부터 몇 번째 수까지의 합이 850이 되겠습니까?

> 1, 3, 3, 3, 5, 5, 5, 5, 5, 7, 7, 7, 7, 7, 7, 7, 9, 9, 9, 9, 9, 9, 9, 9, 9, 11, 11, 11, …

14 다음을 계산한 값은 얼마입니까?

$$\frac{1}{1} + \frac{1}{2} + \frac{2}{2} + \frac{1}{3} + \frac{2}{3} + \frac{3}{3} + \cdots + \frac{18}{20} + \frac{19}{20} + \frac{20}{20}$$

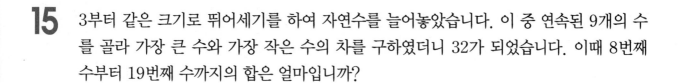

15 3부터 같은 크기로 뛰어세기를 하여 자연수를 늘어놓았습니다. 이 중 연속된 9개의 수를 골라 가장 큰 수와 가장 작은 수의 차를 구하였더니 32가 되었습니다. 이때 8번째 수부터 19번째 수까지의 합은 얼마입니까?

16 무게가 다른 A, B, C 세 종류의 사탕이 각각 여러 개씩 있습니다. A 한 개의 무게는 28 g, B 한 개의 무게는 A의 $\frac{5}{7}$, C 한 개의 무게는 A와 B 한 개씩의 무게의 합과 같습니다. 사탕은 모두 70개이며 총 무게는 2104 g이고 B의 개수와 C의 개수는 같다고 할 때, 사탕 A는 몇 개입니까?

17 다음을 계산한 값에서 각 자리의 숫자의 합은 얼마입니까?

$$\underset{\text{15개}}{\underbrace{99 \cdots 99}} \times \underset{\text{15개}}{\underbrace{99 \cdots 99}}$$

18 용희네 집의 시계가 2월 19일 오전 10시를 가리켰을 때, 정확한 시각보다 6분 44초 더 빠른 시각을 나타내고 있었습니다. 이 시계가 같은 달 22일 오후 3시를 가리켰을 때, 정확한 시각보다 2분 15초 더 늦은 시각을 나타내고 있었습니다. 이 시계가 2월 19일 오전 11시를 가리켰을 때, 정확한 시각보다 몇 초 더 빨리 가고 있었습니까? (단, 시계의 움직이는 빠르기는 일정합니다.)

19 오른쪽 그림에서 찾을 수 있는 크고 작은 사각형은 모두 몇 개입니까?

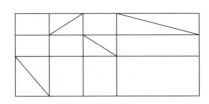

20 오른쪽은 일정한 간격으로 점을 찍어 놓은 그림입니다. 점들을 이어 만들 수 있는 삼각형은 모두 몇 개입니까?

21 벌이 있는 곳에서 통로를 통하여 카까지 가려고 합니다. 예를 들면 다까지 가는 경우 가 → 나 → 다 또는 나 → 다와 같이 갈 수 있으나, 나 → 가 → 다와 같이 가, 나, 다의 순서를 지키지 않고 갈 수는 없습니다. 이와 같은 방법으로 벌이 카까지 가는 방법은 모두 몇 가지입니까?

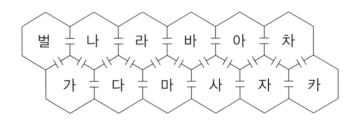

22 다음 수 중에서 2개 또는 3개를 한 번씩만 이용하고, $+$, $-$, $\times$, $\div$를 마음대로 이용하여 여러 가지 자연수를 만들려고 합니다. 모두 몇 개의 자연수를 만들 수 있습니까?
(단, 괄호는 사용할 수 없습니다.)

$$2, \quad 3, \quad 7$$

23 오른쪽과 같은 모양의 조각(탱그램)의 일부 또는 전부를 사용하여 만들 수 있는 크기가 다른 직각이등변삼각형의 개수를 ㉠, 정삼각형의 개수를 ㉡이라고 할 때, ㉠과 ㉡의 차는 얼마입니까?

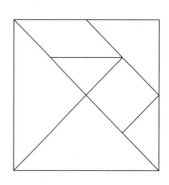

24 오른쪽 그림과 같이 ㉮, ㉯, ㉰에 있는 수들은 어떤 규칙에 따라 늘어놓은 것입니다. 물음에 답하시오.

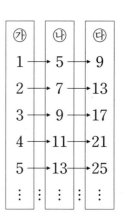

(1) ㉮에 있는 수 11은 ㉯의 어떤 수와 연결됩니까?

(2) ㉯에 있는 수 107은 ㉮의 어떤 수와 연결됩니까?

(3) ㉰에 있는 수 149는 ㉮의 어떤 수와 연결됩니까?

25 다음과 같은 5×5 점판의 점과 점을 이어서 서로 다른 이등변삼각형을 모두 그리시오. (단, 각각의 5×5 점판에 서로 다른 이등변삼각형을 1개씩만 그리고, 도형 움직이기에 의해서 완전히 겹쳐지는 것은 같은 것입니다.)

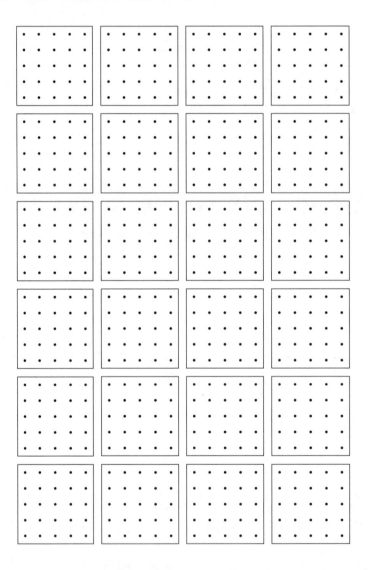

올림피아드 기출문제

1 계산하고 있던 시험지의 양쪽이 찢어져 다음과 같이 나누어지는 수와 나머지의 일부분이 보이지 않습니다. 이 나눗셈에서 나누어지는 수는 얼마입니까?

$$8 \div 37 = 19 \cdots 3$$

2 어떤 소수가 있습니다. 이 소수는 4.15보다 크고 4.86보다 작습니다. 또한 4.43보다 크고 4.98보다 작습니다. 어떤 소수는 모두 몇 개입니까? (단, 어떤 소수는 소수 한 자리 수, 소수 두 자리 수, 소수 세 자리 수입니다.)

3 예슬이는 90개의 구슬을 가지고 있습니다. 석기와 영수가 가진 구슬을 합하면 예슬이가 가진 구슬의 $\frac{4}{5}$가 된다고 합니다. 석기가 가진 구슬이 35개라면 영수가 가진 구슬은 몇 개입니까?

4 형과 동생이 산에 갔습니다. 형은 1분당 80 m씩, 동생은 1분당 64 m씩 가는 빠르기로 걸었습니다. 두 사람이 집에서 동시에 출발하여 형이 산에 도착했을 때, 동생은 아직 192 m의 거리가 남았습니다. 집에서 산까지의 거리는 몇 m입니까?

5 물통에 물을 가득 채우고 무게를 재면 9 kg 350 g이고, 물을 반만 채우고 무게를 재면 5 kg 50 g입니다. 물통만의 무게는 몇 g입니까?

6 5장의 숫자 카드 ⓪, ③, ⑤, ⑦, ⑨ 중 3장을 골라 한 번씩만 사용하여 5보다 작은 소수 두 자리 수를 만들려고 합니다. 모두 몇 개를 만들 수 있습니까? (단, 소수의 끝 자리에는 0을 쓸 수 없습니다.)

7 어떤 두 수가 있습니다. 이 두 수 중 큰 수를 작은 수로 나누면 몫이 8이고 나머지가 7입니다. 또, 이 두 수의 합은 241입니다. 이 두 수 중 큰 수는 얼마입니까?

8 1개에 120원짜리 물건 몇 개를 살만큼의 돈을 가지고 있습니다. 이 돈으로 1개에 90원짜리 물건을 사면, 2개를 더 사고 60원이 남습니다. 가지고 있는 돈은 얼마입니까?

9 영수와 한별이가 게임을 하였습니다. 기본 점수로 각각 15점씩 가지고 이긴 사람은 4점을 얻고 진 사람은 1점을 잃는다고 합니다. 40번의 게임을 한 결과 영수가 한별이보다 40점이 더 높았다면, 영수의 점수는 몇 점입니까? (단, 비기는 경우는 없습니다.)

10 구슬을 가운데가 빈 정사각형 모양으로 놓았더니 가장 바깥쪽 둘레에 놓인 개수와 가장 안쪽 둘레에 놓인 개수의 차는 56개였습니다. 바깥쪽의 한 변의 수가 25개일 때, 구슬의 총 개수는 몇 개입니까?

11 용희네 집의 시계가 9월 16일 오전 10시를 가리켰을 때, 이 시계는 정확한 시계보다 5분 39초 더 빨리 가고 있었습니다. 이 시계가 같은 달 19일 오후 3시를 가리켰을 때, 이 시계는 정확한 시계보다 2분 3초 더 늦게 가고 있었습니다. 이 시계가 9월 16일 오후 2시를 가리켰을 때, 정확한 시계보다 몇 초 더 빨리 가고 있었습니까? (단, 시계의 움직이는 빠르기는 일정합니다.)

12 다음 그림은 직사각형 모양의 종이 테이프를 접은 것입니다. 각 ㉠의 크기는 몇 도입니까?

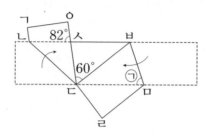

13 다음과 같이 규칙적으로 변하는 도형이 있습니다. 여덟 번째에 올 도형에서 찾을 수 있는 삼각형은 모두 몇 개입니까?

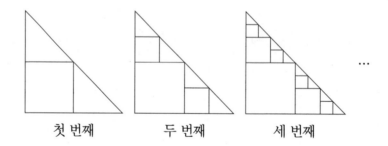

첫 번째 두 번째 세 번째

14 네 자리 수 중 1023, 1024, 1025, 1234, 1235, … 등은 서로 다른 숫자들로 이루어진 수입니다. 네 자리 수 중에서 같은 숫자가 적어도 3번 사용되어 이루어져 있는 수는 모두 몇 개입니까?

15 1 g, 3 g, 9 g, 30 g의 추가 한 개씩 있습니다. 이것을 사용하여 양팔 저울에서 무게를 잴 때, 1 g에서 40 g까지인 자연수의 무게 중 잴 수 없는 무게를 모두 찾아 그 합을 구하면 얼마입니까?

16 무게가 다른 ㉠, ㉡, ㉢, ㉣, ㉤ 다섯 종류의 구슬을 다음과 같이 올려 놓았더니 모두 수평을 이루었습니다. ㉡, ㉢, ㉣, ㉤ 구슬의 무게는 30 g, 150 g, 210 g, 300 g 중에 하나씩일 때, ㉠ 구슬의 무게는 몇 g입니까?

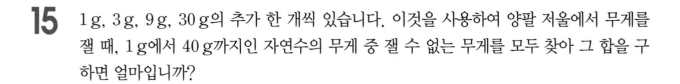

17 154개의 야구공을 A, B, C 3개의 상자에 나누어 담았습니다. A 상자에 넣은 야구공 개수의 $\frac{1}{8}$을 B 상자로 옮기면 B 상자의 야구공의 개수는 C 상자의 야구공 개수의 2배가 되고, A 상자의 야구공의 개수는 C 상자의 야구공 개수보다 14개 많아집니다. 야구공을 옮기기 전 B 상자에 들어 있는 야구공의 개수는 몇 개입니까?

18 2007명의 학생들이 한 줄로 서 있습니다. 처음에는 줄의 앞에서부터 뒤로 가면서 1부터 4까지의 번호를 되풀이하여 부르고, 다음에는 줄의 뒤에서부터 앞으로 가면서 1부터 5까지의 번호를 되풀이하여 부릅니다. 그러면 두 번 다 2를 부른 학생은 모두 몇 명입니까?

19 오른쪽 도형의 둘레의 길이는 몇 cm입니까?

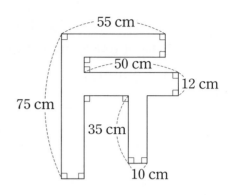

20 오른쪽 그림에서 삼각형 ㄱㄴㄷ은 정삼각형, 삼각형 ㅁㅂ
ㄴ은 이등변삼각형입니다. 변 ㄷㄹ과 변 ㄷㅁ, 변 ㅂㄷ과
변 ㅂㄹ의 길이가 각각 같을 때, 각 ㉠과 각 ㉡의 크기의
합은 몇 도입니까?

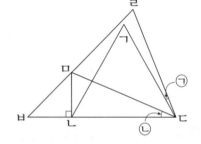

21 오른쪽 그림에서 각 ①부터 각 ⑨까지의 합은 몇 도입니까?

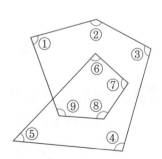

22 오른쪽 같이 가로와 세로에 6개씩 36개의 점이 일정한 간격으로 놓여 있습니다. 3개의 점을 꼭짓점으로 하는 이등변삼각형은 모두 몇 종류나 그릴 수 있습니까? (단, 돌리거나 뒤집었을 때 같은 모양은 한 종류로 봅니다.)

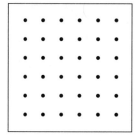

23 오른쪽 도형에서 찾을 수 있는 사각형 중에서 ★을 반드시 포함하는 크고 작은 사각형은 모두 몇 개입니까?

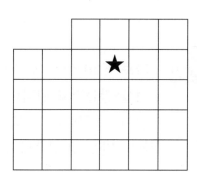

24 다음 그래프는 300 L들이 수조에 계속 일정한 양의 물을 넣으면서 도중에 15분 동안 1분에 12 L씩 물을 빼냈을 때, 물통의 물의 양과 걸린 시간의 관계를 나타낸 것입니다. ㉠과 ㉡에 알맞은 수를 구하시오.

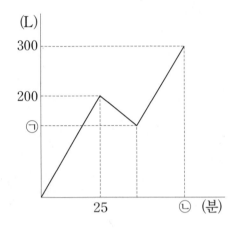

25 가로가 20 cm, 세로가 10 cm인 직사각형의 벽돌을 이용하여 세로가 20 cm인 직사각형을 만들려고 합니다. 벽돌 3개를 사용하여 직사각형을 만들 수 있는 방법은 다음과 같이 3종류입니다. 벽돌 12장을 사용하여 세로가 20 cm인 직사각형을 만들 때, 몇 종류나 만들 수 있습니까?

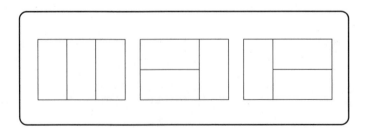

1 두 수 A와 B가 있습니다. A×B=153, A÷B=17일 때, A의 값은 얼마입니까?

2 1개에 400 g씩인 참외 2개와 무게가 같은 복숭아 5개를 바구니에 담아 무게를 재어 보았더니 2 kg 800 g이었습니다. 바구니의 무게가 500 g이면, 복숭아 1개의 무게는 몇 g입니까?

3 2008년 1월 1일은 화요일입니다. 2009년 5월의 첫째 번 목요일은 5월 며칠입니까?
(단, 2008년의 2월은 29일까지 있습니다.)

4 상자에 귤이 들어 있습니다. 이것을 몇 명에게 나누어 주는데 1사람당 5개씩 주면 14개가 남고, 8개씩 주면 7개 부족하게 됩니다. 귤을 남는 것 없이 꼭맞게 나누어 주려면 한 사람당 몇 개씩 주면 됩니까?

5 같은 수의 빨간 구슬과 파란 구슬이 있습니다. 이것을 몇 개의 주머니에 빨간 구슬은 9개씩, 파란 구슬은 13개씩 섞어 넣었더니 빨간 구슬만 28개 남았습니다. 구슬은 합하여 몇 개 있었습니까?

6 빈 병의 $\frac{3}{5}$만큼 간장을 넣고 무게를 달아보니 650 g이었습니다. 이 병에 간장을 가득 채우고 무게를 달아 보니 950 g이 되었습니다. 병만의 무게는 몇 g입니까?

7 ㉮와 ㉯의 두 모래 더미가 있습니다. ㉮ 더미의 모래가 ㉯ 더미의 모래보다 240 kg 더 적고, 이 두 더미에서 각각 540 kg씩 실어갔더니 ㉯ 더미의 모래가 ㉮ 더미의 모래의 3배가 되었습니다. 처음에 ㉯ 더미에 있던 모래는 몇 kg입니까?

8 다음 도형의 둘레의 길이는 몇 cm입니까?

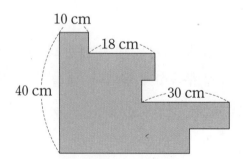

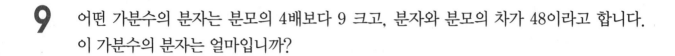

9 어떤 가분수의 분자는 분모의 4배보다 9 크고, 분자와 분모의 차가 48이라고 합니다. 이 가분수의 분자는 얼마입니까?

10 같은 크기의 물통 2개가 있습니다. 하나는 A 수도관으로, 다른 하나는 B 수도관으로 동시에 물을 넣기 시작하였습니다. A 수도관에서는 매초 150 g, B 수도관에서는 매초 180 g씩 물이 나오며 A 수도관쪽의 물통이 B 수도관쪽의 물통보다 15초 늦게 가득 채워졌습니다. 하나의 물통을 가득 채우는 데 필요한 물의 무게는 □kg △g이라면, □+△의 값은 얼마입니까?

11 꽃밭에 꽃을 심는데 36명의 학생이 50분 동안 일한 후 학생의 $\frac{1}{3}$이 돌아가고 나머지 학생이 30분 동안 일하여 전체 일의 $\frac{1}{8}$이 남았습니다. 남은 일을 20분 만에 끝내기 위해서는 몇 명이 일을 하면 됩니까? (단, 1명의 학생이 1분 동안 하는 일의 양은 모두 같습니다.)

12 오른쪽 그림과 같이 검은색 바둑돌을 속이 빈 정사각형 모양으로 늘어놓았습니다. 이 정사각형을 흰색 바둑돌로 두 번 둘러싸면, 흰색 바둑돌이 192개 필요합니다. 이 정사각형에 놓인 검은색 바둑돌은 몇 개입니까?

13 다음과 같이 규칙적으로 분수가 나열되어 있을 때, 처음으로 가분수가 되는 것은 몇 번째입니까?

$$\frac{7}{351}, \quad \frac{10}{344}, \quad \frac{13}{337}, \quad \frac{16}{330}, \quad \frac{19}{323}, \quad \cdots$$

14 어느 공원의 입장료는 800원입니다. 20명을 넘는 단체일 때에는 20명을 넘은 사람에 대해서 150원씩 할인해 주고, 50명을 넘으면 50명을 넘은 사람에 대해서 100원씩 더 할인해 줍니다. 어떤 단체의 입장료가 57500원일 때, 이 단체는 몇 명입니까?

15 다음 [그림 1]과 같은 주사위 27개를 사용하여 [그림 2]와 같은 큰 정육면체를 만들어 탁자 위에 놓았습니다. 주사위의 겹치는 면끼리는 눈의 수가 서로 같도록 하였을 때, 큰 정육면체의 밑면을 제외한 겉면에 나타난 눈의 수의 합은 얼마입니까? (단, 주사위의 마주 보는 눈의 수의 합은 7입니다.)

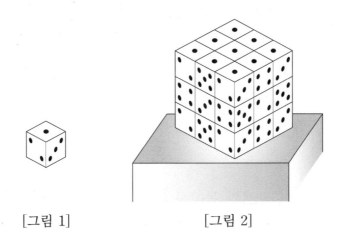

[그림 1]　　　　　　[그림 2]

16 가, 나, 다, 라 4종류의 아이스크림이 있습니다. 가지고 있는 돈으로 가, 나, 다, 라 중 한 종류의 아이스크림만 산다면 각각 36개, 18개, 12개, 6개를 살 수 있습니다. 이 돈으로 가, 나, 다, 라의 아이스크림을 같은 개수씩 산다면 최대 몇 개씩 살 수 있습니까?

17 다음과 같이 △모양으로 늘어놓은 바둑돌을 ▽모양으로 바꾸는 데 필요한 바둑돌의 최소 이동 개수는 각각 2개, 3개입니다. 한 변에 늘어놓은 바둑돌의 개수가 40개인 △모양을 ▽모양으로 바꾸는데 필요한 바둑돌의 최소 이동 개수는 몇 개입니까?

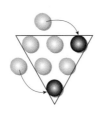　　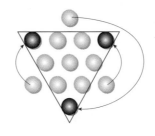

18 0부터 9까지의 숫자 카드가 한 장씩 있습니다. 이 중에서 4장을 뽑아 네 자리의 자연수를 만들고, 각 자리의 숫자를 거꾸로 나열하여 또 하나의 네 자리의 자연수를 만든 다음 두 수의 차를 구합니다. 예를 들어, 처음에 4321을 만들고 거꾸로 나열하여 1234를 만들었으면 두 수의 차는 $4321-1234=3087$이 됩니다. 이와 같은 방법으로 두 수의 차를 구할 때, 그 차가 가장 작은 경우는 모두 몇 가지입니까?

19 예슬이와 한초는 계단오르기 놀이를 하였습니다. 가위바위보를 하여 이기면 5계단 오르고, 지면 3계단 내려가기로 하였습니다. 두 사람이 같은 지점에서 출발하여 40번 가위바위보를 하였습니다. 그 중 7번은 비기고, 33번은 두 사람 중 한 사람이 이기거나 졌습니다. 예슬이가 처음 출발한 지점에서 45계단을 올라갔다면 33번 중 몇 번을 이겼겠습니까? (단, 비긴 경우에 자리의 이동은 없습니다.)

20 선분 ㄷㅁ과 선분 ㄹㅁ은 각각 각 ㄱㄷㄴ과 각 ㄱㄹㄴ을 이등분 한 선일 때, 각 ㄷㅁㄹ의 크기는 몇 도입니까?

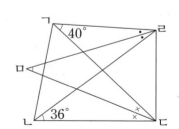

올림_{피아드}

21 오른쪽 그림에서 찾을 수 있는 크고 작은 사각형은 모두 몇 개입니까?

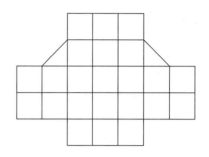

22 다음 그림과 같이 수 3, 5, 7, 9, 11이 적힌 구슬 5개가 있습니다. 구슬 5개를 모두 주머니에 넣고 구슬을 꺼낼 때, 꺼낸 구슬에 적힌 수를 모두 더한 것만큼 점수를 얻기로 합니다. 종민이가 구슬을 한 번에 3개씩 7번 꺼낸다고 합니다. 다음 [보기] 의 수 중에서 종민이가 7번 동안 얻은 점수를 모두 더한 값이 될 수 있는 것은 몇 개 있습니까?

> **보기**
>
> 93, 104, 129, 156, 177, 179, 180
> 185, 190, 193, 207, 255, 305, 307

23 다음 표의 오른쪽에 있는 수는 왼쪽에 있는 4개의 모양이 나타내는 수들의 합입니다. ▲＋★＋■－●의 값은 얼마입니까?

모양				합
■	▲	★	■	70
★	▲	★	▲	88
▲	★	■	●	100

24 사과, 귤, 배 한 개씩의 값은 각각 700원, 300원, 1200원입니다. 이 과일들을 각각 몇 개씩 사고 20500원을 지불하였습니다. 만일 사과와 귤의 개수를 반대로 하여 샀다면 26500원을 지불해야 하고, 귤과 배의 개수를 반대로 하여 샀다면 38500원을 지불하여야 했습니다. 물음에 답하시오.

(1) 산 귤과 사과의 개수의 차는 몇 개입니까?

(2) 산 사과와 배의 개수의 차는 몇 개입니까?

(3) 귤을 사는 데 든 돈은 얼마입니까?

25 다음과 같이 홀수를 나열해 갈 때, 왼쪽에서 ㉠번째, 위에서 ㉡번째 수를 (㉠, ㉡)으로 나타냅니다. 예를 들면, $(3, 2)=17$입니다. 물음에 답하시오.

1	5	7	19	21	·
3	9	17	23	·	·
11	15	25	·	·	
13	27	·	·		
29	33	·			
31	·				
·					

(1) $(4, 8)-(6, 3)+(15, 8)$의 값을 구하시오.

(2) $(\square, \triangle)=629$일 때, $\square$와 $\triangle$를 각각 구하시오.

올림피아드 기출문제

1 □ 안에 알맞은 수는 얼마입니까?

10억이 35개
1억이 □개
1000만이 38개
1만이 616개
100이 436개
1이 51개

인 수는 40886203651입니다.

2 어떤 세 자리 수의 $\frac{1}{10}$배인 수와 $\frac{1}{100}$배인 수의 합이 38.17입니다. 어떤 세 자리 수를 구하시오.

3 오른쪽 도형에서 삼각형 ㄹㅂㅁ이 이등변삼각형일 때 각 ㉮의 크기는 몇 도입니까?

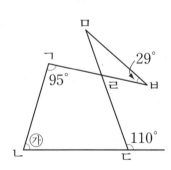

4 오른쪽 도형에서 화살표를 따라 점 ㉮에서 점 ㉯로 가는 방법은 모두 몇 가지입니까?

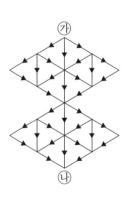

5 도형에서 각 ㄱㄴㄷ의 크기를 구하시오.

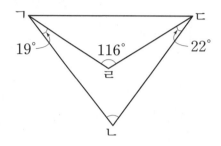

6 각 자리의 숫자가 ★인 세 자리 수 ★★★을 두 자리 수 ★★로 나누었을 때 나머지는 8 이고, 각 자리의 숫자가 ■인 네 자리 수 ■■■■를 세 자리 수 ■■■로 나누었을 때 나머지는 2입니다. 이때, ★÷■의 몫은 얼마입니까?

7 유승이가 가지고 있는 색깔별 색종이 수를 나타낸 막대그래프입니다. 가장 많은 색종이 와 가장 적은 색종이 수의 차가 40장일 때, 초록색 색종이는 몇 장이 될 수 있는지 모두 구하시오.

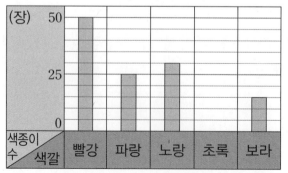

〈색깔별 색종이 수〉

8 한 변의 길이가 1 cm인 정사각형 ㉮가 있습니다. 그림과 같이 ㉮와 크기가 같은 정사각형 ①을 만들었습니다. 계속해서 그림과 같이 정사각형 ②, ③, ④, …를 만들어 나갈 때, 정사각형 ⑩의 한 변의 길이는 몇 cm입니까?

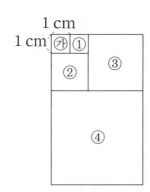

9 ★, ■, ▲는 각각 0부터 9까지의 숫자 중 하나입니다. 다음과 같은 조건을 모두 만족하는 숫자 ★을 십의 자리로 하고, 숫자 ▲를 일의 자리로 하는 두 자리 수는 무엇입니까?

- ★, ■, ▲는 서로 다른 숫자입니다.
- 세 자리 수 ★■▲와 한 자리 수 ★과의 곱은 일의 자리의 숫자가 ▲인 네 자리 수입니다.
- 세 자리 수 ★■▲와 한 자리 수 ▲와의 곱은 일의 자리의 숫자가 ★인 네 자리 수입니다.

10 우주정거장 7개를 다음과 같이 건설하려고 합니다. 우주정거장 알파 1호와 우주정거장 알파 7호 사이의 거리가 ☐만 km일 때, ☐ 안에 들어갈 수를 구하시오. (단, 7개의 우주정거장은 한 직선 위에 있습니다.)

- 우주정거장은 알파 1호, 2호, 3호, 4호, 5호, 6호, 7호 순서대로 건설합니다.
- 알파 5호와 알파 6호 사이의 거리는 100만 km입니다.
- 알파 2호는 알파 1호와 알파 3호의 중간 지점에 건설합니다.
- 알파 3호는 알파 1호와 알파 4호의 중간 지점에 건설합니다.
- 알파 4호는 알파 2호와 알파 5호의 중간 지점에 건설합니다.
- 알파 5호는 알파 3호와 알파 6호의 중간 지점에 건설합니다.
- 알파 6호는 알파 4호와 알파 7호의 중간 지점에 건설합니다.

11 다음 조건을 만족하는 ㉮의 값 중에서 세 자리 수는 모두 몇 개입니까? (단, ■는 같은 수입니다.)

$$㉮ \div 32 = ■ \cdots ■$$

12 오른쪽 그림과 같이 칠각형의 꼭짓점에 7부터 13까지의 수가 적혀 있습니다. 그리고 색칠한 부분처럼 7개의 꼭짓점 중에서 3개를 선택하여 삼각형을 만들 수 있습니다. 이와 같이 삼각형을 만들 때, 꼭짓점에 적혀 있는 세 수의 합이 3으로 나누어떨어지도록 만들 수 있는 삼각형은 모두 몇 개입니까?

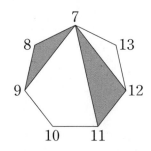

13 오전 9시 정각에 정확히 맞추어 놓은 ㉮, ㉯ 두 시계를 같은 날 오전 10시 정각에 다시 보니 ㉮ 시계는 10시 2분, ㉯ 시계는 9시 48분을 가리키고 있었습니다. ㉯ 시계가 같은 날 오후 3시 24분을 가리킬 때, ㉮ 시계와 ㉯ 시계는 몇 분 차이가 납니까?

14 오른쪽의 가로줄, 세로줄, 대각선 줄에 있는 네 수의 합이 모두 같고 ㉠은 ㉡보다 $2\frac{3}{5}$이 크다고 할 때 ㉠에 알맞은 수를 구하시오.

$3\frac{1}{5}$	$\frac{2}{5}$	$\frac{3}{5}$	
			$1\frac{3}{5}$
$1\frac{4}{5}$	$1\frac{2}{5}$	$1\frac{1}{5}$	
$\frac{4}{5}$	㉠	3	㉡

15 오른쪽은 정사각형 10개를 그린 후 선분 ㄱㄴ, 선분 ㄱㄷ, 선분 ㄱㄹ, 선분 ㄱㅁ, 선분 ㄴㅁ을 그린 그림입니다. 그림에서 찾을 수 있는 크고 작은 둔각삼각형은 모두 몇 개입니까?

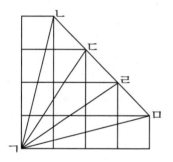

16 다음과 같이 규칙적으로 변하는 도형이 있습니다. 다섯째 번에 올 도형에서 찾을 수 있는 크고 작은 삼각형은 모두 몇 개입니까?

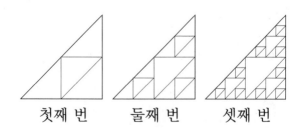

첫째 번   둘째 번   셋째 번

17 오른쪽 표와 같이 수를 규칙적으로 늘어놓 았습니다. 이 표에서 1열에 있는 수들은 1, 2, 3, 4, …이고 3행에 있는 수들은 3, 6, 9, 12, …이며 표 안의 ㉠은 6행 4열의 수 입니다. 이 표에서 어떤 행에 있는 수를 모 두 더하였더니 4158이 되었을 때 이것은 몇 행의 수를 모두 더한 것입니까? (단, 표의 행과 열의 개수는 같습니다.)

	1열	2열	3열	4열	5열	6열	…	
1행	1	2	3	4	5	·	…	·
2행	2	4	6	8	10	·	…	·
3행	3	6	9	12	15	·	…	·
4행	4	8	12	16	20	·	…	·
5행	5	10	15	20	25	·	…	·
6행	·	·	·	㉠	·	·	…	·
⋮	⋮	⋮	⋮	⋮	⋮	⋮	⋮	⋮
	·	·	·	·	·	·	·	729

18 □ 안에는 모두 같은 수가 들어갑니다. □ 안에 알맞은 수를 구하시오.

$$\dfrac{1}{\square}+\dfrac{2}{\square}+\dfrac{3}{\square}+\cdots+\dfrac{\square-2}{\square}+\dfrac{\square-1}{\square}=20$$

19 $8.27+8.32+8.24+8.04+8.56$에서 한 수의 소수점을 빠뜨리고 잘못 계산하여 837.39가 되었습니다. 소수점을 빠뜨린 수는 무엇입니까?

20 4개의 세 자리 수를 투명 종이에 쓴 것입니다. 여러 방향으로 뒤집거나 돌려서 나올 수 있는 수 중에서 가장 큰 수와 가장 작은 수의 차를 구하시오.

826 908 582 628

21 오른쪽 종이를 왼쪽으로 3번 뒤집고, 시계 방향으로 90°만큼 5번 돌린 후 두 종이를 밀어서 꼭 맞게 겹쳐 놓았을 때 색칠한 칸의 점의 수와 색칠하지 않은 칸의 점의 수의 차는 몇 개입니까?

22 오른쪽 그림에서 ㉠, ㉡, ㉢, ㉣, ㉤, ㉥, ㉦, ㉧, ㉨, ㉩ 10개의 각도의 합을 구하시오.

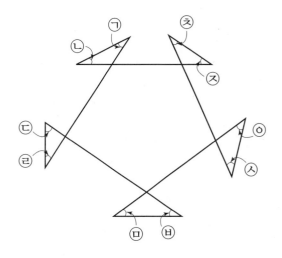

23 [그림 1]과 같이 가운데에 칸막이가 있는 상자 모양의 물통에 가, 나 두 수도꼭지로 매 분 일정량씩 물을 넣었습니다. [그림 2]는 칸막이 높이까지 물이 차는 데 걸린 시간과 물의 양을 그래프로 나타낸 것입니다. 나 수도꼭지만으로 들이가 60 L인 빈 물통을 가득 채운다면 모두 몇 분이 걸리겠습니까?

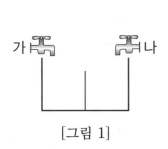

[그림 1]

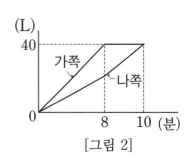

[그림 2]

24 다음과 같이 바둑판 모양으로 길이 나 있습니다. 석기는 A지점을 12시에 출발하여 굵은 선을 따라 B지점에 도착했습니다. 가로로 나 있는 길을 갈 때는 한 시간에 6 km, 세로로 나 있는 길을 갈 때는 한 시간에 3 km 가는 빠르기로 걸었습니다. A지점에서 B지점까지 갈 때의 걸린 시간과 간 거리의 관계를 꺾은선그래프로 나타내고 C지점을 통과하는 시각을 구하려고 합니다. 풀이 과정을 쓰고 답을 구하시오.

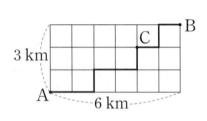

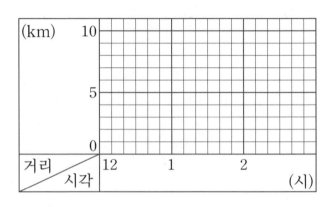

25 오른쪽 표는 자연수 1, 2, 3, …을 일정한 규칙에 의해 늘어놓은 것입니다. 이 표에서 12는 4열 2행에 있는 수라고 하며 (4, 2)=12와 같이 나타내기로 합니다. 같은 방법으로 3열 4행에 있는 수 18을 (3, 4)=18로 나타낼 수 있습니다. 다음 물음에 풀이 과정을 쓰고 답을 구하시오.

	1열	2열	3열	4열	5열	6열	…
1행	1	3	4	10	11	·	·	·
2행	2	5	9	12	·	·	·
3행	6	8	13	19	·	·
4행	7	14	18	·	·
5행	15	17	·	·
6행	16	·	·
⋮	·	·
	·

(1) (4, 4)는 어떤 수를 나타냅니까?

(2) (2, 3)+(5, 3)−(3, 5)의 값은 얼마입니까?

(3) (19, 1)은 어떤 수를 나타냅니까?

올림피아드 기출문제

1 다음의 계산식에서 ㉮에 알맞은 수를 구하시오.

$$26+28+30+\cdots+142+144+146=㉮$$

2 주어진 5장의 숫자 카드 중 3장을 뽑아 세 자리 수를 만들려고 합니다. 만든 수를 47로 나누었을 때, 몫이 14이고 나머지가 있는 세 자리 수는 모두 몇 개입니까?

3 75로 나누어떨어지는 세 자리의 자연수 중 각 자리의 숫자의 합이 가장 큰 수를 찾아 쓰시오.

4 다음 식을 계산하는 데 한 수의 소수점을 빠뜨리고 잘못 계산하였더니 358.46이 되었습니다. 소수점을 빠뜨린 수를 ㉠.㉡㉢이라 할 때 ㉠+㉡+㉢의 값을 구하시오.

$$3.23+3.24+3.25+\cdots+3.32$$

5 다음과 같이 규칙적으로 늘어놓은 분수들의 합을 구하시오.

$$1\frac{1}{17}, \ 2\frac{2}{17}, \ 3\frac{3}{17}, \cdots, \ 15\frac{15}{17}, \ 16\frac{16}{17}$$

6 주어진 5장의 숫자 카드를 한 번씩 사용하여 만들 수 있는 가장 큰 수와 가장 작은 수의 차가 41976일 때 ㉮가 될 수 있는 숫자를 모두 찾아 합을 구하시오.

7 콩이 들어 있는 ㉮, ㉯ 두 상자가 있습니다. ㉯ 상자에서 8 kg을 꺼내어 ㉮ 상자에 넣으면 두 상자의 콩의 무게가 같아지고, ㉮ 상자에서 8 kg을 꺼내어 ㉯ 상자에 넣으면 ㉯ 상자의 콩의 무게가 ㉮ 상자의 콩의 무게의 3배가 됩니다. ㉮와 ㉯ 상자에 들어 있는 콩의 무게의 합을 구하시오.

8 다음의 계산 결과를 4로 연속하여 나눌 때, 몇 번째에 처음으로 4로 나누어떨어지지 않겠습니까?

$$1 \times 2 \times 3 \times \cdots \times 18 \times 19 \times 20$$

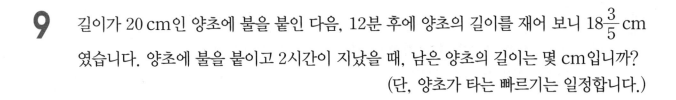

9 길이가 20 cm인 양초에 불을 붙인 다음, 12분 후에 양초의 길이를 재어 보니 $18\frac{3}{5}$ cm 였습니다. 양초에 불을 붙이고 2시간이 지났을 때, 남은 양초의 길이는 몇 cm입니까?

(단, 양초가 타는 빠르기는 일정합니다.)

10 어떤 큰 수가 쓰여 있는 종이가 다음과 같이 찢겨져 있습니다. 이 찢겨진 조각들을 이용하여 만들 수 있는 9자리 수 중에서 세 번째로 큰 수와 네 번째로 큰 수의 차를 구하시오.

11 다음은 어떤 규칙에 따라 수를 써넣은 것입니다. ㉠에 알맞은 수를 구하시오.

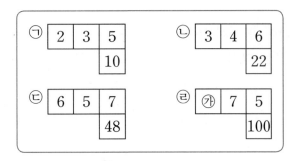

12 오른쪽 그림과 같이 원 위에 같은 간격으로 8개의 점이 있습니다. 3개의 점을 연결하여 삼각형을 그릴 때, 이등변삼각형은 모두 몇 개 그릴 수 있습니까?

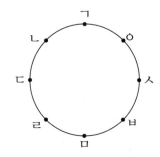

13 오른쪽 그림은 크기가 같은 정삼각형 25개를 겹치지 않게 이어 붙여서 만든 도형입니다. 도형에서 찾을 수 있는 크고 작은 정다각형은 모두 몇 개입니까?

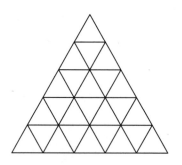

14 오른쪽 그림과 같이 평행사변형을 접었을 때 각 ㉠과 각 ㉡의 크기의 차를 구하시오.

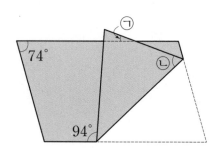

15 다음 그림에서 직선 ㄱㄴ과 직선 ㅁㅂ이 서로 평행할 때, 각 ㉠의 크기를 구하시오.

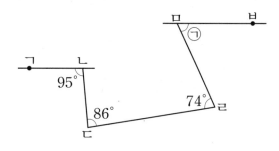

16 가로가 12 cm, 세로가 8 cm인 직사각형을 모양과 크기가 같으면서 가로와 세로의 길이가 자연수인 직사각형 모양의 색종이로 꼭맞게 덮으려고 합니다. 예를 들면, 가로가 12 cm, 세로가 8 cm인 색종이의 경우 1장으로 덮을 수 있으며, 가로와 세로가 모두 1 cm인 색종이의 경우 96장으로 덮을 수 있습니다. 이와 같이 주어진 직사각형을 꼭맞게 덮을 수 있는 직사각형 모양의 색종이는 모두 몇 가지가 있습니까? (단, 뒤집거나 돌려서 같은 모양은 한 가지로 생각합니다.)

17 오른쪽 그림과 같은 사각형 ㄱㄴㄷㄹ에서 두 대각선 ㄱㄷ과 ㄴㄹ이 만나는 점을 ㅁ이라 할 때 각 ㄱㄴㄹ의 크기를 구하시오.

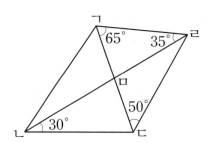

18 오른쪽 그림에서 찾을 수 있는 크고 작은 직사각형은 모두 몇 개입니까?

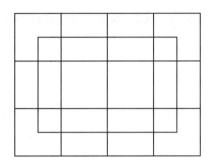

19 오른쪽 모양은 왼쪽 도형을 아래쪽으로 ㉠번, 오른쪽으로 ㉡번 뒤집은 다음 시계 방향으로 90°만큼 ㉢번 돌렸을 때 생긴 모양입니다. ㉠+㉡+㉢의 값이 100보다 작은 자연수 중 가장 큰 수를 구하시오.

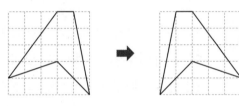

20 오른쪽 그림에서 찾을 수 있는 크고 작은 모든 예각, 둔각의 각도의 합은 750°입니다. ㉯의 각도는 ㉮의 각도의 2배, ㉰의 각도는 ㉮의 각도의 3배, ㉱의 각도는 ㉮의 각도의 4배일 때 각 ㄱㄴㄷ의 크기를 구하시오.

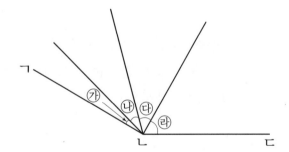

21 학교에서 문구점까지의 거리는 120 m입니다. 영수, 지혜 두 사람이 동시에 학교를 출발하여 일정한 빠르기로 학교와 문구점 사이를 왕복하고 있습니다. 그래프는 영수와 지혜의 3분 동안 움직인 거리를 나타낸 것입니다. 영수와 지혜가 두 번째로 만나는 것은 학교에서 출발한지 몇 초 후입니까?

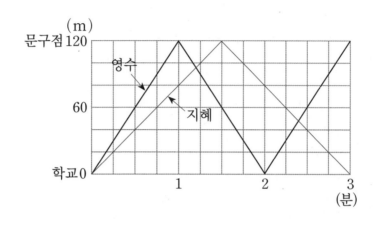

22 오른쪽 정사각형 ㄱㄴㄷㄹ에서 각 ㅂㅁㄴ의 크기가 24°일 때, 각 ㉠의 크기를 구하시오.

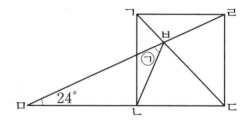

23 삼각형 ㄱㄴㄷ에서 선분 ㄴㄹ, 선분 ㄹㅁ, 선분 ㅁㄷ의 길이가 모두 같게 점 ㄹ과 점 ㅁ을 찍었습니다. 각 ㄱㄹㅁ의 크기를 구하시오.

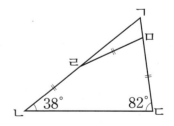

24 0.1, 0.5, 0.9, 1.3, 1.7, 2.1의 6개의 수를 ○ 안에 써넣어 한 줄에 있는 세 수의 합이 같아지도록 하는 방법은 모두 몇 가지인지 찾고, 그때의 세 수의 합을 각각 구하려고 합니다. 풀이 과정을 쓰고 답을 구하시오.

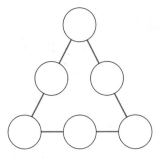

25 삼각형 모양으로 점을 찍어 놓은 그림입니다. 점들을 이어 만들 수 있는 둔각삼각형은 모두 몇 개인지 풀이 과정을 쓰고 답을 구하시오. (단, 점들의 간격은 일정합니다.)

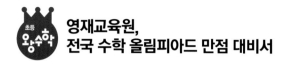

영재교육원,
전국 수학 올림피아드 만점 대비서

올림피아드
왕수학

정답과 풀이

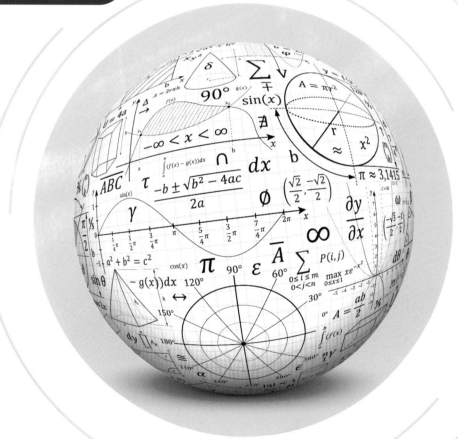

(주)에듀왕
www.eduwang.com

4 학년

올림피아드 왕수학

정답과
풀이

Olympiad

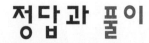
1 1000개		**2** 42쪽	
3 8		**4** 116	
5 750점		**6** 16장	
7 383		**8** 석기	
9 360°		**10** 110	
11 20번째		**12** 369쪽	
13 22		**14** 50분	
15 540°		**16** 22	
17 225°		**18** ㉠ : 83°, ㉡ : 116°	
19 23		**20** 63°	
21 91부분		**22** 2 kg	
23 1260°		**24** 1100	
25 33			

1 3945000보다 크고 4000000보다 작은 자연수 중 만의 자리 숫자가 6이고 백의 자리 숫자가 8인 수는 396□8□□입니다.

□ 안에는 0부터 9까지 10개의 숫자를 쓸 수 있으므로 조건을 만족시키는 수의 개수는 $10 \times 10 \times 10 = 1000$(개)입니다.

2 일의 자리의 숫자가 5인 경우 :
5, 15, 25, …, 215, 225, 235
➡ $(235 - 5) \div 10 + 1 = 24$(개)
십의 자리의 숫자가 5인 경우 :
50, 51, …, 58, 59, 150, 151, …, 158, 159
➡ 20개
따라서 숫자 5가 적혀 있는 쪽은 55와 155가 한 번 반복되므로 $24 + 20 - 2 = 42$(쪽)입니다.

3 4□×ㄴ=230에서 □는 6, ㄴ은 5입니다.
그러므로 46×ㄱ=□3□의 ㄱ은 3 또는 5임을 알 수 있으나 ㄱ이 5이면 ㄱ과 ㄴ이 같아지게 되므로 ㄱ은 3 입니다.
따라서 ㄱ은 3, ㄴ은 5이므로 그 합은 8입니다.

4 (어떤 수)÷21=105…3
➡ (어떤 수)=21×105+3=2208

따라서 바르게 계산한 값은
$300 - 2208 \div 12 = 116$입니다.

5 점수가 모두 홀수이므로 화살을 쏘아 맞힌 점수의 합은 모두 짝수입니다.
점수가 가장 낮은 경우 :
1점짜리 6번 맞혔을 때 ➡ $1 \times 6 = 6$(점)
점수가 가장 높은 경우 :
9점짜리 6번 맞혔을 때 ➡ $9 \times 6 = 54$(점)
한솔이가 얻을 수 있는 점수의 합은 6점부터 54점까지의 짝수입니다.
따라서 얻을 수 있는 점수의 개수는
$(54 - 6) \div 2 + 1 = 25$(개)이고, 점수들의 총합은
$(6 + 54) \times 25 \div 2 = 750$(점)입니다.

6 한 장의 종이를 이을 때마다 길이는 28 cm씩 늘어납니다.
또, 마지막에는 2 cm가 줄어들지 않았으므로 직사각형 모양의 종이는
$(450 - 2) \div (30 - 2) = 16$(장)을 이어야 합니다.

7 작은 수를 □라 하면 큰 수는 작은 수의 15배보다 8이 크고, 큰 수와 작은 수의 차가 358이므로
$(□ \times 15 + 8) - □ = 358$, $□ \times 14 = 350$, $□ = 25$
따라서 큰 수는 $25 \times 15 + 8 = 383$입니다.

8 (가) 그래프의 작은 눈금 한 칸의 크기 :
$(15 - 0) \div 5 = 3$(회)
동민 : $39 - 18 = 21$(회)
영수 : $33 - 18 = 15$(회)
(나) 그래프의 작은 눈금 한 칸의 크기 :
$(20 - 0) \div 10 = 2$(회)
석기 : $32 - 18 = 14$(회)
예슬 : $42 - 16 = 26$(회)
따라서 기록의 차가 가장 적은 사람은 석기입니다.

9 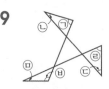 삼각형 3개의 세 각의 크기의 합에서 삼각형 1개의 세 각의 크기의 합을 빼면 $180° \times 3 - 180° = 360°$입니다.

10 (1) 모양 ㉮를 시계 반대 방향으로 90°만큼 1번 또는 2번을 돌린 후 아래쪽으로 몇 번을 뒤집더라도 모양 ㉯가 될 수 없습니다.

(2) 모양 ㉮를 시계 반대 방향으로 90°만큼 3번 돌린 후 홀수번을 뒤집으면 항상 모양 ㉯가 됩니다. 따라서 ▲가 될 수 있는 가장 작은 두 자리 수는 3+4+4=11이고 ■가 될 수 있는 가장 큰 두 자리 수는 99이므로 ▲+■=11+99=110입니다.

11 1+2+⋯+9+10=55이고
11+⋯+20=10×10+(1+2+⋯+9+10)
=155이므로 1부터 20까지의 합은 55+155=210입니다. 따라서 20번째의 역을 지나야 합니다.

12 한 자리 수와 두 자리 수를 찍는데 사용한 숫자의 개수는 1×9+2×90=189(개)입니다.
따라서 세 자리 수를 찍는데 사용한 숫자의 개수는 999−189=810(개)이므로 세 자리 수는 모두 810÷3=270(개)이므로
이 책의 쪽수는 9+90+270=369(쪽)입니다.

13
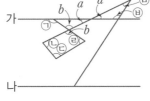
$\Box\Box × ▲ = ㄱㄴㄷ$에서 ㄷ은 ★, ㄴ은 0, ㄱ은 ●입니다.
$\Box\Box × ▲ = ●0★$에서 $\Box × ▲$의 일의 자리의 숫자와 십의 자리의 숫자의 합은 10이 됩니다.
따라서 7×4=28이므로 ■는 7, ▲는 4입니다.
즉, 77×44=3388입니다.
➡ ■+▲+●+★=22

14 (영수가 1분에 가는 거리)=1000÷25=40(m)
(상연이가 간 거리)=1200+800=2000(m)
(걸린 시간)=2000÷40=50(분)

15 오른쪽 그림에서
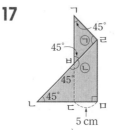
㉠=a+b
a+㉢+㉣=180°에서
㉢+㉣=180°−a
㉡+㉢+㉣+b
=360°에서 ㉡+㉢+㉣=360°−b입니다.
㉠+㉡+㉢+㉣+㉤+㉥
=(a+b)+(360°−b)+(180°−a)
=360°+180°
=540°

16 어떤 수를 □라 하면
$$\Box + 5\frac{2}{9} = 3\frac{4}{9} + 3\frac{4}{9} + 3\frac{4}{9} + 3\frac{4}{9}$$
$$\Box + 5\frac{2}{9} = 13\frac{7}{9}, \quad \Box = 13\frac{7}{9} - 5\frac{2}{9} = 8\frac{5}{9}$$
따라서 ㉠+㉡+㉢=8+9+5=22입니다.

17
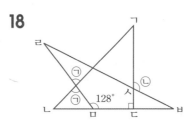
삼각형 ㄱㅂㄹ과 삼각형 ㅂㄴㄷ은 직각인 이등변삼각형이 되므로
각 ㉠은 90°,
각 ㉡은 180°−45°=135°입니다.
따라서 90°+135°=225°입니다.

18
각 ㄹㅁㄴ은 180°−128°=52°이고, 삼각형 ㄱㄴㄷ은 이등변삼각형이므로 각 ㄱㄴㄷ은
(180°−90°)÷2=45°입니다.
따라서 각 ㉠은 180°−45°−52°=83°입니다.
또한, 삼각형 ㄹㅁㅂ도 이등변삼각형이므로 각 ㅁㄹㅂ과 각 ㅁㅂㄹ은 각각 (180°−128°)÷2=26°입니다.
각 ㅂㅅㄷ은 180°−90°−26°=64°이므로 각 ㉡은
180°−64°=116°입니다.

19 ㉢은 3보다 작아야 하므로 1 또는 2입니다.
㉢이 1일 때 ㉠은 3이고 ㉡은 8 또는 9입니다.
㉠=3, ㉡=8, ㉢=1, ㉣=4일 때
㉠+㉡+㉢+㉣=16
㉠=3, ㉡=9, ㉢=1, ㉣=7일 때
㉠+㉡+㉢+㉣=20
㉢이 2일 때 ㉠=7, ㉡=6, ㉣=8이므로
㉠+㉡+㉢+㉣=23이고
㉠+㉡+㉢+㉣의 값이 가장 큰 수는 23입니다.

20 오각형의 내각의 합은 (5−2)×180°=540°이므로
각 ㉠은 540°−{(180°−155°)+(360°−50°)
+(180°−100°)+62°}=63°입니다.

21

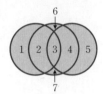 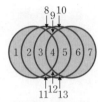

(원이 3개일 때)　　　(원이 4개일 때)

원이 3개일 때는 7부분으로 나누어지고 원이 4개일 때는 13부분으로 나누어집니다.
원이 만날 때의 규칙을 찾아보면
원이 1개일 때 : 1부분
원이 2개일 때 : $1+2=3$(부분)
원이 3개일 때 : $1+2+4=7$(부분)
원이 4개일 때 : $1+2+4+6=13$(부분)
⋮　　　⋮
따라서 원이 10개일 때는 최대한
$(1+2)+4+6+8+10+12+14+16+18$
$=3+(4+18)×4=91$(부분)으로 나누어집니다.

22

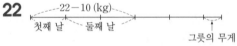

물 전체를 1로 놓으면 사용한 물은 $\dfrac{1}{5}+\dfrac{2}{5}=\dfrac{3}{5}$
이므로 이것은 $22-10=12$(kg)에 해당합니다.
따라서 물 전체의 양은 $12÷3×5=20$(kg)이므로
그릇만의 무게는 $22-20=2$(kg)입니다.

23

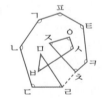

점 ㄹ과 점 ㅊ을 연결하면 팔각형이 됩니다.
(팔각형의 여덟 각의 크기의 합)+(사각형의 네 각의 크기의 합)+(삼각형의 세 각의 크기의 합)−(사각형의 네 각의 크기의 합)
$=(8-2)×180°+180°=1260°$입니다.

24 정팔각형에서 180°보다 작은 모든 각의 합은
$(180°-45°)×8=1080°$이고
그을 수 있는 모든 대각선의 개수는
$(8-3)×8÷2=20$(개)이므로
㉠+㉡=$1080°+20=1100$입니다.

25 9번째 줄의 맨 왼쪽 수는 $1+2+3+\cdots+8+9=45$
에서 45번째 소수이고 10번째 줄 왼쪽에서 5번째 수는 $45+5=50$(번째) 소수이므로 9.9입니다.
15번째 줄의 맨 왼쪽의 수는
$1+2+3+\cdots+14+15=(1+15)×15÷2=120$
에서 120번째 소수이고 15번째 줄의 왼쪽에서 5번째 수는 $120-4=116$(번째) 소수이므로 23.1입니다.
따라서 두 수의 합은 $9.9+23.1=33$입니다.

제2회 예 상 문 제	15~22
1 30개	**2** 0
3 A : 24, B : 3	**4** 0.51 m
5 18개	**6** 100100024
7 98765432	**8** 29명
9 40개	**10** 23개
11 108°	**12** 108°
13 8개	
14 ㉠ : 104°, ㉡ : 118°	
15 129°	**16** 40가지
17 38번	**18** 18400원
19 동민 : 128개, 규형 : 125개, 한초 : 132개	
20 1380	
21 1733병, 1시간 16분	**22** 12분
23 60°	**24** 80분 후
25 1200 m	

1 ㉠853㉡2785가 5억 5천만보다 크고 8억 5천만보다 작으려면 ㉠은 5, 6, 7 중 하나입니다.
또한 ㉡에는 0부터 9까지 10개의 숫자 중 어떤 숫자를 넣더라도 영향을 주지 않으므로 만들 수 있는 수는 $3×10=30$(개)입니다.

2 1부터 1999까지의 자연수 중에는 10, 20, 30, $\cdots$, 1980, 1990이 있으므로 곱의 일의 자리의 숫자는 0입니다.

3 $(A+B)\div 3=B\times B\cdots$ ①

$B=A\times\dfrac{1}{8}$ ➡ $A=B\times 8\cdots$ ②

②를 ①에 대입하면

$(B\times 8+B)\div 3=B\times B$

$9\times B\div 3=B\times B$

$3\times B=B\times B$

$3=B$

따라서 B=3이고, A=3×8=24입니다.

4 그림을 그려서 알아보면

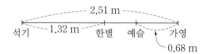

따라서 예슬이는 한별이보다

$2.51-1.32-0.68=0.51(m)$

앞서 달리고 있습니다.

5 (나누어지는 수)=(나누는 수)×(몫)+(나머지)

100보다 큰 자연수 중 몫과 나머지가 같은 수는

$23\times 5+5=120$

$23\times 6+6=144$

$23\times 7+7=168$

$\vdots$　　　$\vdots$

$23\times 22+22=528$

따라서 $22-5+1=18$(개) 있습니다.

6 문제에 제시된 곱셈식에서 규칙을 알아보면

①	②	③	④
4	14	24	34
× 6	× 16	× 26	× 36
24	224	624	1224

①에서 백의 자리의 숫자 → $0\times(0+1)=0$

②에서 백의 자리의 숫자 → $1\times(1+1)=2$

③에서 백의 자리의 숫자 → $2\times(2+1)=6$

④에서 천과 백의 자리의 숫자 → $3\times(3+1)=12$

따라서 10004×10006을 계산하면

$1000\times(1000+1)=1001000$이므로

곱은 100100024입니다.

7 $987654320\times 987654322$

$=(987654321-1)\times(987654321+1)$

$=987654321*-1*$

$=987654321*-1$

(준식)$=\dfrac{98765432}{987654321*-(987654321*-1)}$

$=98765432$

8 (맞은 점수가 10점인 학생) ➡ (1번 문제만 맞춤)

(맞은 점수가 20점인 학생) ➡ (2번 문제만 맞춤)

(맞은 점수가 30점인 학생)

➡ (1번과 2번 문제를 맞춤)+(3번 문제만 맞춤)

(맞은 점수가 40점인 학생) ➡ (1번과 3번 문제를 맞춤)

(맞은 점수가 50점인 학생) ➡ (2번과 3번 문제를 맞춤)

(맞은 점수가 60점인 학생)

➡ (1번, 2번, 3번 문제를 모두 맞춤)

그런데 30점을 맞은 학생이 모두 3번 문제를 맞추었다고 가정하면 맞춘 문제 수는

$3+5+10+14\times 2+8\times 2+4\times 3=74$이므로 30점을 맞은 학생 중 1번과 2번 두 문제를 맞춘 학생 수는

$81-74=7$(명)입니다.

따라서 두 문제를 맞힌 학생은 모두

$7+14+8=29$(명)입니다.

9

 삼각형의 개수 : 6개

삼각형의 개수 : 4개

따라서 $6\times 4+4\times 4=40$(개)입니다.

10

[그림 1]　　　[그림 2]　　　[그림 3]

[그림 1]에서 큰 직사각형 가, 나, 다 → 3개

[그림 2]의 색칠한 부분에서 찾을 수 있는 직사각형의 개수 → 18개

[그림 3]의 색칠한 부분에서 찾을 수 있는 직사각형의 개수 → 4개

따라서 [그림 2]와 [그림 3]에서 공통으로 찾은 직사각형이 2개이므로 $3+18+4-2=23$(개)입니다.

11

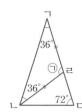 선분 ㄱㄴ과 선분 ㄱㄷ의 길이가 같으므로 삼각형 ㄱㄴㄷ은 이등변삼각형이고, 각 ㄴㄱㄷ의 크기는 $180°-72°\times 2=36°$입니다.

또, 선분 ㄹㄱ과 선분 ㄹㄴ의 길이

가 같으므로 삼각형 ㄹㄱㄴ은 이등변삼각형이고, 각 ㉠의 크기는 $180° - 36° \times 2 = 108°$입니다.

12

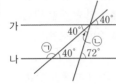

(각 ㉠) $= 180° - 40° = 140°$
(각 ㉡) $= 72° - 40° = 32°$
따라서 각 ㉠과 각 ㉡의 크기의 차는 $140° - 32° = 108°$입니다.

13

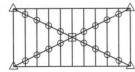

(1) ○표 한 곳에서는 예각 2개와 둔각 2개가 있으므로 개수의 차는 0입니다.
(2) □표 한 곳에서는 예각 6개와 둔각 6개가 있으므로 개수의 차는 0입니다.
(3) △표 한 곳에서는 둔각은 없고 예각이 2개씩 있습니다.
따라서 예각과 둔각의 개수의 차는 $2 \times 4 = 8$(개)입니다.

14

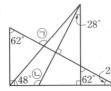

(각 ㉠)
$= 180° - (48° + 28°)$
$= 104°$
(각 ㉡) $= 90° + 28° = 118°$

15

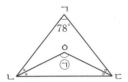

(각 ㄱㄴㄷ) + (각 ㄱㄷㄴ) $= 180° - 78° = 102°$
(각 ㅇㄴㄷ) + (각 ㅇㄷㄴ) $= 102° \div 2 = 51°$
따라서 각 ㉠의 크기는 $180° - 51° = 129°$입니다.

16 $\dfrac{㉠}{25} + \dfrac{㉡}{25} + \dfrac{㉢}{25} = \dfrac{㉠+㉡+㉢}{25} = 1$이므로

㉠+㉡+㉢$=25$ (㉠<㉡<㉢)이어야 합니다.
㉠$=1$일 때 ㉡+㉢$=24$이므로
(㉡, ㉢) ➡ (2, 22), (3, 21), …, (11, 13)
　　　　 ➡ 10가지
㉠$=2$일 때 ㉡+㉢$=23$이므로
(㉡, ㉢) ➡ (3, 20), (4, 19), …, (11, 12)
　　　　 ➡ 9가지

㉠$=3$일 때 ㉡+㉢$=22$이므로
(㉡, ㉢) ➡ (4, 18), (5, 17), …, (10, 12)
　　　　 ➡ 7가지
㉠$=4$일 때 ㉡+㉢$=21$이므로
(㉡, ㉢) ➡ (5, 16), (6, 15), …, (10, 11)
　　　　 ➡ 6가지
㉠$=5$일 때 ㉡+㉢$=20$이므로
(㉡, ㉢) ➡ (6, 14), (7, 13), …, (9, 11)
　　　　 ➡ 4가지
㉠$=6$일 때 ㉡+㉢$=19$이므로
(㉡, ㉢) ➡ (7, 12), (8, 11), (9, 10)
　　　　 ➡ 3가지
㉠$=7$일 때 ㉡+㉢$=18$이므로
(㉡, ㉢) ➡ (8, 10) ➡ 1가지
따라서 ㉠이 8부터는 나타낼 수 없으므로 (㉠, ㉡, ㉢)으로 나타낼 수 있는 방법은 모두
$10+9+7+6+4+3+1 = 40$(가지)입니다.

17 1번과 마주 보고 앉은 어린이 → 151번
2번과 마주 보고 앉은 어린이 → 152번
3번과 마주 보고 앉은 어린이 → 153번
　　　　　⋮
따라서 마주 보고 앉은 어린이의 번호는 자신의 번호보다 $300 \div 2 = 150$ 많거나 적은 번호입니다.
따라서 $188 - 150 = 38$(번)입니다.

18 상연이와 효근이가 가지고 있는 돈을 그림으로 나타내면

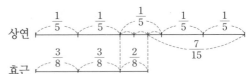

두 사람이 가지고 있는 돈의 차가 5600원이므로
상연이가 가지고 있는 돈의 $\dfrac{7}{15}$이 5600원을 나타냅니다.
따라서 상연이는 $5600 \div 7 \times 15 = 12000$(원)
효근이는 $12000 - 5600 = 6400$(원)을 가지고 있습니다.
➡ $6400 + 12000 = 18400$(원)

19 그림을 그려 보면

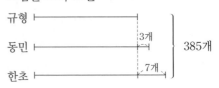

(규형이가 가진 구슬 수)＝{385−(3＋7)}÷3
＝125(개)

(동민이가 가진 구슬 수)＝125＋3＝128(개)

(한초가 가진 구슬 수)＝125＋7＝132(개)

20 주어진 숫자 카드를 오른쪽으로 뒤집었을 때 숫자가 되는 것은 1, 2→5, 5→2, 8입니다.

㉮와 ㉯의 합이 가장 클 때의 합은

852 + 528＝1380입니다.

21 520.15 L＝520150 mL이므로

520150÷300＝1733…250,

따라서 1733병의 음료수를 생산할 수 있습니다.

(1분에 생산하는 음료수의 양)

＝690÷30＝23(병)

따라서 1733÷23＝75…8이므로

최소한 75분＋1분＝76분＝1시간 16분이 걸립니다.

22 4분부터 6분까지 2분 동안 넣은 물의 양은

70−60＝10(L)이므로 B관만을 사용할 때는

1분에 10÷2＝5(L)씩 물을 넣은 셈입니다.

100−60＝40(L)의 물을 B관만 사용하여 넣을 때

걸리는 시간은 40÷5＝8(분)이므로 물을 넣기 시작

해서부터 가득 찰 때까지 걸리는 시간은

4＋8＝12(분)입니다.

23 1차 관찰을 오전 10시 정각에 하면 25차 관찰까지는

24번의 관찰이 남습니다.

따라서 24×3시간＝72시간이므로 25차 관찰은 1차

관찰을 한 후 정확히 3일 만입니다.

따라서 시계의 짧은바늘과 긴바늘이 이루는 작은 쪽의

각은 30°×2＝60°입니다.

24 처음에는 ㉮의 물이 800−300＝500(L) 더 많았으

므로 ㉯의 물이 ㉮의 물보다 60 L 더 많아지는 때는

(500＋60)÷(4＋3)＝80(분) 후입니다.

25 (형이 5분 동안 간 거리)＝80×5＝400(m)

(1분 동안 형과 동생이 가는 거리의 차)

＝120−80＝40(m)

처음 형과 동생의 거리의 차는 400 m이고, 동생이 학

교까지 가는 데 걸린 시간은 400÷40＝10(분)이므로

집에서 학교까지의 거리는 120×10＝1200(m)입니다.

제3회	예 상 문 제	23～30

1 22번	**2** 595
3 ㄱ:6, ㄴ:1, ㄷ:4, ㄹ:2, ㅁ:5, ㅂ:3, ㅅ:8, ㅇ:9	
4 13개	**5** 60개
6 36개	**7** 145°
8 90°	**9** 76°
10 115°	**11** 350
12 760개	**13** 58
14 151도막	**15** 100개
16 5분	**17** 201
18 아버지 : 41세, 동생 : 8살	
19 5	**20** 16일
21 343명	**22** 10개
23 15분	**24** 36개
25 ㉠ : 70, ㉡ : 60	

1 100만보다 1 작은 수 ➡ 999999(6개)

1000만보다 11 작은 수 ➡ 9999989(6개)

1조보다 111 작은 수 ➡ 999999999889(10개)

따라서 수를 모두 쓰려면 9를 22번 써야 합니다.

2 세 자리의 자연수가 85로 나누어떨어지려면 일의 자리

의 숫자는 0 또는 5입니다.

• 일의 자리의 숫자가 0인 경우

백의 자리의 숫자와 십의 자리의 숫자의 합이 19인

자연수는 없습니다.

• 일의 자리의 숫자가 5인 경우

19−5＝14이므로 백의 자리의 숫자와 십의 자리의

숫자의 합이 14인 경우는 595, 685, 775, 865, 955

입니다. 따라서 이 중 85로 나누어떨어지는 수는

595입니다.

3

$$\begin{array}{r} ㄱㄴㄷ \\ \times \quad ㄱㄷ \\ \hline ㄹㄷㅁㄱ \\ ㅂㄱㅅㄷ \\ \hline ㅂㅇㄹㅇㄱ \end{array}$$

ㄱㄴㄷ×ㄱ이 네 자리 수이므로

ㄱ은 3보다 큰 숫자입니다.

ㄷ×ㄷ의 일의 자리의 숫자는 ㄱ이고,

ㄷ×ㄱ의 일의 자리의 숫자는 ㄷ이므

로 ㄷ은 4, ㄱ은 6입니다.

정답과 풀이

$$
\begin{array}{r}
6\,ㄴ\,4 \\
\times\quad 6\,4 \\
\hline
ㄹ\,4\,ㅁ\,6 \\
ㅂ\,6\,ㅅ\,4 \\
\hline
ㅂ\,ㅇ\,ㄹ\,6
\end{array}
$$

따라서 6×4＝24에서 ㄹ은 2, 6×6＝36에서 ㅂ은 3이고, ㄴ은 1, ㅁ은 5, ㅅ은 8, ㅇ은 9입니다.

4

나누는 수	나누어지는 수의 범위	만들 수 있는 수
13	260보다 크고 390보다 작다.	해당없음
15	300보다 크고 450보다 작다.	379, 397 (2개)
17	340보다 크고 510보다 작다.	359, 395 (2개)
19	380보다 크고 570보다 작다.	537 (1개)
31	620보다 크고 930보다 작다.	759, 795 (2개)
35	700보다 크고 1050보다 작다.	719, 791, 917, 971 (4개)
37	740보다 크고 1110보다 작다.	915, 951 (2개)
39	780보다 크고 1170보다 작다.	해당없음

따라서 만들 수 있는 식의 개수 :
2＋2＋1＋2＋4＋2＝13(개)

5 작은 정삼각형 1개짜리 : 32개
작은 정삼각형 4개짜리 : 18개
작은 정삼각형 9개짜리 : 8개
작은 정삼각형 16개짜리 : 2개
따라서 모두 32＋18＋8＋2＝60(개)입니다.

6

16개 4개 8개

4개 4개

따라서 만들 수 있는 이등변삼각형은 모두
16＋4＋8＋4＋4＝36(개)입니다.

7

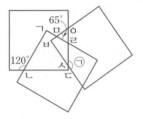

사각형 ㄱㄴㄷㄹ에서
(각 ㄹㄱㄴ)＝(각 ㄹㄷㄴ)＝90°이고
(각 ㄱㄴㄷ)＝180°－120°＝60°이므로
(각 ㄱㄹㄷ)＝360°－(90°＋90°＋60°)＝120°
입니다.
(각 ㅁㄹㅇ)＝180°－120°＝60°이므로
(각 ㅁㅇㄹ)＝180°－65°－60°＝55°
따라서 (각 ㅂㅅㅇ)＝180°－90°－55°＝35°이므로
㉠＝180°－35°＝145°

8 (각 ㄱㄷㄹ)＋(각 ㄴㄷㄹ)＝180°
(각 ㅁㄷㄹ)＋(각 ㅁㄹㄷ)＝90°
(각 ㄷㅁㄹ)＝180°－90°＝90°

9

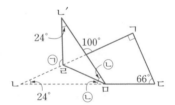

(각 ㄴ'ㄹㄱ)＝100°－24°＝76°
(각 ㉠)＝180°－76°＝104°
(각 ㉡)＝｛180°－(100°＋24°)｝÷2＝28°
따라서 각 ㉠과 각 ㉡의 차는
104°－28°＝76°입니다.

10 (각 ㄴ)＋(각 ㄷ)＝180°－60°＝120°
(각 ㄴ)＝(120°－20°)÷2＝50°
(각 ㄷ)＝120°－50°＝70°
(각 ㅇㄱㄷ)＝60°÷2＝30°
(각 ㄱㄷㅇ)＝70°÷2＝35°
따라서 각 ㄱㅇㄷ의 크기는
180°－(30°＋35°)＝115°입니다.

11 연도별 생산량의 차 :
2019년 : 250－150＝100(kg)
2020년 : 450－200＝250(kg)
2021년 : 250－100＝150(kg)

2022년 : $250-150=100(kg)$
따라서 연도별 생산량의 차가 가장 큰 해는 2020년이고 이때의 판매 금액의 차는
$250 \times 14000 = 350$(만 원)입니다.

12 도형의 둘레에 놓은 바둑돌의 개수가 5개, 10개, 15개, …로 늘어나므로 152째 번 도형의 둘레에 놓인 바둑돌의 개수는 $152 \times 5 = 760$(개)입니다.

13 $89 \rightarrow 8 \times 8 + 9 \times 9 = 145$
$145 \rightarrow 1 \times 1 + 4 \times 4 + 5 \times 5 = 42$
$42 \rightarrow 4 \times 4 + 2 \times 2 = 20$
$20 \rightarrow 2 \times 2 + 0 \times 0 = 4$
$4 \rightarrow 4 \times 4 = 16$
$16 \rightarrow 1 \times 1 + 6 \times 6 = 37$
$37 \rightarrow 3 \times 3 + 7 \times 7 = 58$
$58 \rightarrow 5 \times 5 + 8 \times 8 = 89$
따라서 각 자리의 숫자를 각각 두 번씩 곱하여 더한 규칙이므로 □ 안에 알맞은 수는 58입니다.

14 ㄹ모양을 한 번씩 더 자를 때마다 도막의 수가 4, 7, 10, 13, …으로 3개씩 더 늘어납니다.
따라서 $(50-1) \times 3 + 4 = 151$(도막)으로 나누어집니다.

별해
도막의 수가 4, 7, 10, 13, 16, 19, …이므로
3, 6, 9, 12, 15, 18, …로 생각하면 50째 번에는
$3 \times 50 = 150$입니다.
따라서 $150 + 1 = 151$(도막)입니다.

15 꽂은 깃발의 수가 300개이므로 8 m의 간격은
$300 - 1 = 299$(개)입니다.

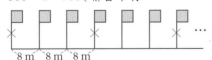

첫째 번 깃발을 뽑고 나서 3개마다 1개씩 뽑는 것과 같으므로 $299 \div 3 = 99 \cdots 2$
따라서 $99 + 1 = 100$(개)입니다.

16 두 물통의 물의 양의 차는 $240 - 180 = 60(L)$입니다. 두 물통에서 동시에 물을 퍼내기 시작할 때 물을 가 물통에서 나 물통보다 1분에 $25 - 13 = 12(L)$씩 더 퍼내므로 두 물통의 물의 양이 같아지는 때는
$60 \div 12 = 5$(분) 후입니다.

17 더하는 분수의 개수와 합의 관계를 알아봅니다.
$\frac{1}{3} + \frac{2}{3} = 1$, $\frac{1}{4} + \frac{2}{4} + \frac{3}{4} = 1\frac{2}{4}$,
$\frac{1}{5} + \frac{2}{5} + \frac{3}{5} + \frac{4}{5} = 2$,
$\frac{1}{6} + \frac{2}{6} + \frac{3}{6} + \frac{4}{6} + \frac{5}{6} = 2\frac{3}{6}$, …
위와 같이 분모가 홀수일 때 1보다 작은 진분수의 합은 더하는 분수의 개수의 반과 같습니다.
합이 100이므로 더하는 분수의 개수는
$100 + 100 = 200$(개)이고 □$-1 = 200$이므로
□$= 200 + 1 = 201$입니다.

18 아버지와 어머니의 연세의 합이 나와 동생의 나이의 합의 4배이므로 나와 동생의 나이의 합은
$100 \div (4+1) = 20$(살)이고,
아버지와 어머니의 연세의 합은
$100 - 20 = 80$(살)입니다.
따라서 동생의 나이는 $(20-4) \div 2 = 8$(살)이고, 아버지의 연세는 $(80+2) \div 2 = 41$(세)입니다.

19 12자리 수의 모르는 각 자리의 숫자를 다음과 같이 나타내면 만의 자리 숫자는 ㉏입니다.

7	㉠	㉡	㉢	㉣	㉤	㉥	㉦	㉧	㉨	㉩	8

왼쪽부터 각 자리의 숫자를 알아보면
$7 + ㉠ + ㉡ = 20$, ㉠$+ ㉡ = 13$,
㉠$+ ㉡ + ㉢ = 20$, ㉢$= 7$
같은 방법으로
$7 + ㉣ + ㉤ = 20$, ㉣$+ ㉤ = 13$,
㉣$+ ㉤ + ㉥ = 20$, ㉥$= 7$
$7 + ㉦ + ㉧ = 20$, ㉦$+ ㉧ = 13$,
㉦$+ ㉧ + ㉨ = 20$, ㉨$= 7$
㉩$+ ㉩ + 8 = 20$, ㉩$= 20 - 8 - 7 = 5$
따라서 일의 자리 숫자부터 차례로 8, 5, 7이 반복되므로 만의 자리 숫자는 5입니다.

20 한 사람이 하루에 하는 일의 양을 1로 놓으면 전체 일의 양은 $6 \times 20 = 120$입니다.
도중에 2명이 휴가를 갔으므로 처음부터 끝까지 일을 한 사람은 4명이고 4명이 한 일의 양은 $4 \times 22 = 88$입니다.
따라서 휴가를 간 2명이 한 일의 양은 $120 - 88 = 32$

이고 이들은 32÷2＝16(일) 동안 일을 했습니다.
따라서 6명이 함께 일한 날도 16일입니다.

21 그림을 그려 알아보면

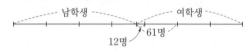

따라서 4학년 전체의 $\frac{1}{7}$은 61－12＝49(명)이고,
4학년 전체 학생 수는 49×7＝343(명)입니다.

22 예슬이가 사과만 15개 산다고 하면
1800×15＝27000(원)이 필요합니다.
그러나 42500원을 가지고 있으므로
(42500－27000)÷(3250－1800)＝10…1000
따라서 배는 최대한 10개 살 수 있습니다.

23 버스로 1분 동안 가는 거리를 걸어서는 5분 동안 갑니다.
따라서 버스 타는 시간을 1분 줄일 때마다
5－1＝4(분)씩 더 걸리므로 버스 타는 시간은
(60－48)÷4＝3(분) 줄은 것입니다.
버스로 3분 동안 간 거리는 걸어서 3×5＝15(분) 동
안 간 것이므로 돌아올 때 걸은 시간은 15분입니다.

24 어떤 수를 거울에 비추었을 때 나오는 수는 어떤 수를
왼쪽 또는 오른쪽, 위쪽 또는 아랫쪽으로 뒤집은 것과
같습니다. 어느 방향으로 뒤집어도 항상 숫자가 되는
숫자는 0, 1, 2, 5, 8입니다.

백의 자리에 1이 놓이는 수는 9개이고
2, 5, 8도 각각 9개씩 이므로 만들 수 있
는 세 자리 수는 9×4＝36(개)입니다.

25

왼쪽 그래프에서 처음부터
ㄱ지점까지 100 L의 물이
25분 동안 들어갔으므로 1분
에 100÷25＝4(L)씩 들어
간 것입니다.
ㄱㄴ구간에서는 물을 넣으면
서 동시에 1분에 6 L씩 빼내므로 1분에 6－4＝2(L)
씩 빼내는 셈입니다.

따라서 줄어든 물의 양은 2×15＝30(L)이므로 ㉠
은 100－30＝70(L)입니다. ㄴㄷ구간에서 물을 넣
는 데 걸리는 시간은 (150－70)÷4＝20(분)이므로
㉡은 40＋20＝60(분)입니다.

| 제4회 **예 상 문 제** | **31~38** |

1 10배	**2** 25
3 901	**4** $3\frac{3}{4}$
5 70	**6** 28개
7 2배	**8** 7배
9 20개	**10** 126명
11 39자루	**12** 90
13 (1) 13병	(2) 38병, 2개
14 184	**15** 15
16 136°	**17** 6
18 11가지	**19** 12표
20 8개	**21** 1권
22 7개	
23 ㉠ : 2, ㉡ : 4, ㉢ : 6, ㉣ : 4	
24 3721장	**25** 풀이 참조, 45가지

1 3억 2천만에서 8번을 뛰어 센 수가 16억이므로 한 칸
의 크기는 1억 6천만입니다.
㉠＝3억 2천만＋(1억 6천만)×3＝8억
㉡＝16억－(1억 6천만)×2＝12억 8천만
따라서 ㉠의 일억의 자리의 숫자가 나타내는 값은 8억
이고, ㉡의 천만의 자리의 숫자가 나타내는 값은 8천만
이므로 (8억)÷(8천만)＝10(배)입니다.

2 21＋22＋23＋24＋25＋27＋29에서 한 수를 빼고
더한 계산 결과의 백의 자리의 숫자는 항상 1이 나옵니다.
따라서 2547＝2400＋147이므로 24＋25를 2425로
계산하였습니다.

3 1, 2, 3, 4, 5, 6, 7, 8, 9
10, 11, 12, 13, 14, 15, 16, 17, 18, 19

20, 21, 22, 23, 24, 25, 26, 27, 28, 29

⋮

90, 91, 92, 93, 94, 95, 96, 97, 98, 99, 100

(일의 자리의 숫자의 합)

$=(1+2+\cdots+8+9)\times10=450$

(십의 자리의 숫자의 합)

$=(1+2+\cdots+8+9)\times10=450$

(백의 자리의 숫자의 합)$=1$

따라서 나열된 각 자리의 숫자의 합은

$450+450+1=901$입니다.

4

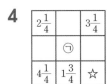

$2\dfrac{1}{4}+㉠+☆=4\dfrac{1}{4}+1\dfrac{3}{4}+☆$

$2\dfrac{1}{4}+㉠=4\dfrac{1}{4}+1\dfrac{3}{4}$

$㉠=6-2\dfrac{1}{4}=3\dfrac{3}{4}$

5 하루에 $3\dfrac{7}{12}$분=3분 35초씩 늦게 가면 14일 후에는

(3분 35초)$\times14=42$분 490초$=50$분 10초 늦어집니다.

따라서 12시-50분 10초$=11$시 9분 50초입니다.

따라서 ㉠+㉡+㉢$=11+9+50=70$입니다.

6

꼭짓점 ㄱ, ㄴ, ㄷ에서 각은 각각 6개씩 있으므로 $3\times6=18$(개)입니다. 그림에 표시한 각이 10개이므로 모두 $18+10=28$(개)입니다.

7 각 ㄱㄴㅇ은 30°, 변 ㄱㄴ과 변 ㅇㄴ의 길이는 같으므로 삼각형 ㄱㄴㅇ은 이등변삼각형이고 각 ㅇㄱㄴ과 각 ㄱㅇㄴ의 크기는 75°로 같습니다.

따라서 각 ㅇㄱㄹ과 각 ㅇㄹㄱ의 크기가 각각 15°이고, 각 ㉠의 크기는 150°이므로 각 ㉠의 크기는 각 ㄱㅇㄴ의 크기의 150°÷75°=2(배)입니다.

8 각 ㅁㄹㅂ을 ①로 놓으면 그림과 같이 각각의 각도가 정해집니다.

따라서 삼각형 ㄹㅁㅂ의 3개의 각의 크기의 합은 ⑦이 되므로 각 ㅁㄹㅂ의 7배입니다.

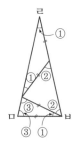

9

(9개)　　　(4개)　　　(4개)

(2개)　　　(1개)

따라서 $9+4+4+2+1=20$(개) 만들 수 있습니다.

10 요일별 남학생과 여학생의 눈금 칸 수를 세어 더하면

월요일 : $15+13=28$(칸),

화요일 : $19+12=31$(칸),

수요일 : $17+15=32$(칸),

목요일 : $20+14=34$(칸),

금요일 : $18+17=35$(칸),

일요일 : $20+14=34$(칸)

토요일은 34칸보다 24명 더 많습니다.

눈금 한 칸이 □명을 나타낸다고 하면

$□\times(28+31+32+34+35+34+34)+24$

$=□\times228+24=708$

$□=(708-24)\div228=3$

따라서 토요일에 아침 운동을 한 학생은

$34\times3+24=126$(명)입니다.

11

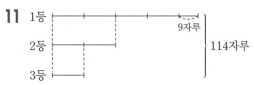

(3등한 반에 줄 연필 수)$=(114-9)\div(4+2+1)$

$=15$(자루)이므로 1등한 반과 2등한 반에 줄 연필 수의 차는 $15\times2+9=39$(자루)입니다.

12 주어진 수 카드를 시계 방향으로 180°만큼 돌리기 했을 때 수가 되는 것은 ⌐1⌐ 1, ⌐2⌐ 2,

$5 \oplus 5$, $6 \oplus 9$, $8 \oplus 8$,

$9 \oplus 6$ 입니다.

또한 네 자리 수 중 천의 자리 숫자와 일의 자리의 숫자는 돌렸을 때 서로 같은 숫자가 될 때 두 수의 차가 가장 작아집니다.

$9126 \leftrightarrow 9216$, $6219 \leftrightarrow 6129$

따라서 두 수의 차 중에서 가장 작은 값은
$9216-9126=90$, $6219-6129=90$으로 90입니다.

13 (1) $10 \div 4 = 2 \cdots 2$이므로 2병의 서비스를 받고 2병이 남습니다. 서비스를 받은 2병과 남는 2병을 합해서 다시 1병의 서비스를 받을 수 있으므로 모두 $10+2+1=13$(병)을 마실 수 있습니다.

(2) $50 \div 4 = 12 \cdots 2$에서 12병의 서비스를 받을 수 있으므로 $50-12=38$(병)의 음료수를 사야 합니다.
$38 \div 4 = 9 \cdots 2$
$(9+2) \div 4 = 2 \cdots 3$
$(2+3) \div 4 = 1 \cdots 1$
위의 세 식에서 $9+2+1=12$(병)의 서비스를 받고 마지막에 빈 병 $1+1=2$(개)가 남습니다.

14 < > 안의 수는 50부터 2씩 커지는 수입니다.
$50 \div 7 = 7 \cdots 1$, $52 \div 7 = 7 \cdots 3$, $54 \div 7 = 7 \cdots 5$
$56 \div 7 = 8 \cdots 0$, $58 \div 7 = 8 \cdots 2$, $60 \div 7 = 8 \cdots 4$
$62 \div 7 = 8 \cdots 6$, $64 \div 7 = 9 \cdots 1$, $66 \div 7 = 9 \cdots 3$
50부터 2씩 커지는 수를 7로 나누면 나머지는 1, 3, 5, 0, 2, 4, 6이 반복됩니다.
$1+3+5+0+2+4+6=21$이므로
$200 \div 21 = 9 \cdots 11$에서
$(1+3+5+0+2+4+6)$이 9번 반복되고
$(1+3+5+0+2)$이므로 <㉠>에서
㉠$=50+14 \times 9+2 \times (5-1)=184$입니다.
또는 50부터 2씩 $7 \times 9+5-1=67$(번) 뛴 수이므로
$50+2 \times 67=184$입니다.

15 연못의 깊이를 □m라 하면 ㉮ 막대의 길이는 □$\times 4$, ㉯ 막대의 길이는 □$\times 5$, ㉰ 막대의 길이는 $6 \times$□이므로 세 막대의 길이의 합은
□$\times 4+$□$\times 5+$□$\times 6=$□$\times 15$입니다.
□$\times 15=13\frac{1}{8}=\frac{105}{8}$이므로

□$=\frac{105 \div 15}{8}=\frac{7}{8}$입니다.

➡ ㉠$+$㉡$=8+7=15$

16 직선이 이루는 각도는 $180°$이므로
(각 ㄱㄷㄴ)$+136°+$(각 ㅁㄷㅂ)$=180°$입니다.
각 ㄱㄷㄴ의 크기를 □라 하면
□$+136°+($□$-30°)=180°$
□$+$□$=180°-106°=74°$, □$=37°$
삼각형 ㄷㄹㅁ은 이등변삼각형이고
(각 ㅁㄹㄷ)$=$(각 ㄷㅁㄹ)$=37°$이므로
(각 ㅁㄷㅂ)$=37°-30°=7°$
따라서 (각 ㄷㅂㅁ)$=180°-37°-7°=136°$입니다.

17 주어진 식에서 $2 \times$㉠의 일의 자리 숫자는 8, $5 \times$㉡의 일의 자리 숫자는 5입니다.
㉠$+$㉡의 값이 최댓값이 되려면 ㉠이 최대, ㉡이 최소이어야 합니다.
㉡$=11$일때 ㉠$=(103-5 \times 11) \div 2=24$,
㉠$+$㉡$=24+11=35$
㉠$+$㉡의 값이 최솟값이 되려면 ㉠이 최소, ㉡이 최대이어야 합니다.
㉠$=14$일 때 ㉡$=(103-2 \times 14) \div 5=15$,
㉠$+$㉡$=14+15=29$
➡ $35-29=6$

18 먼저 정사각형 1장과 정삼각형 2장을 놓는 방법을 알아보면 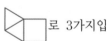 로 3가지입니다. 각각의 경우에 정사각형 1장을 더 놓는 방법을 알아보면

모두 11가지입니다.

19 개표하지 않은 표는 $40-(7+5+8)=20$(표)이고 이 중에서 B가 C를 따라잡고도 반을 넘게 표를 얻으면 당선되므로 $(8-5)+(20-3) \div 2=11.5$(표) 즉, 12표를 더 얻으면 대표가 됩니다.

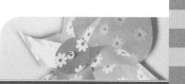

20

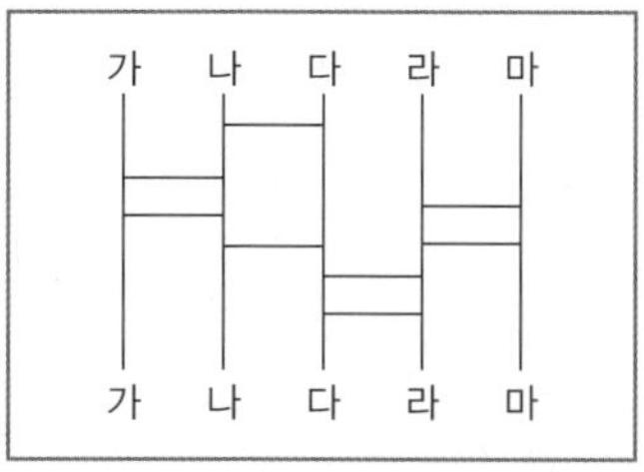

두 개의 세로선 사이에서 가로선이 짝수개 있으면 다시 돌아올 수 있어서 자신이 정한 바로 아래가 될 수 있으므로 위의 그림과 같이 가로선이 최소한 2개씩 필요합니다.

➡ $2\times4=8$(개)

21

	빌려준 책(권)	빌린 책(권)
가영	5	2
한초	5	3
동민	2	3
지혜	1	2
예슬	㉠	4

예슬이는 4명의 친구들로부터 똑같은 수만큼 빌렸는데 지혜가 빌려준 책이 한 권밖에 없으므로 예슬이는 한 권씩 4명으로부터 빌린 것이 됩니다. 책을 빌려준 수와 빌린 수가 같아야 하므로

$5+5+2+1+$㉠$=2+3+3+2+4$에서 ㉠은 1입니다. 따라서 예슬이는 한 권 빌려 주었습니다.

22

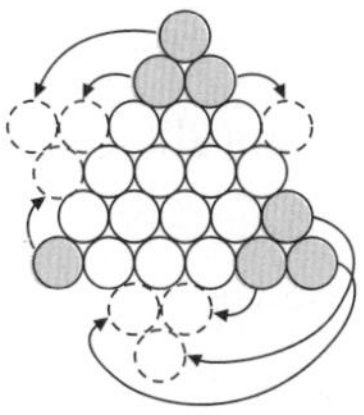

따라서 최소한 동전 7개를 움직여야 합니다.

23 숫자들은 이웃하는 면의 개수를 나타내는 것이므로 다음과 같습니다.

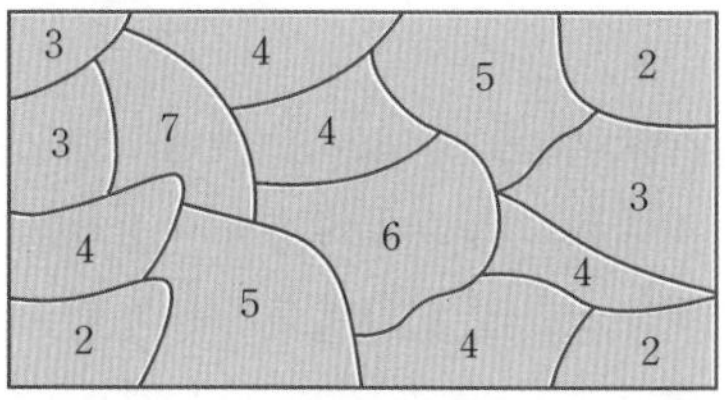

24 가운데 있는 검정 타일은 두 대각선 위에 공통으로 있으므로 한 대각선의 검정 타일의 수는

$(121+1)\div2=61$(장)입니다. 가로, 세로에 각각 61장씩의 타일이 깔린 것이므로 전체 타일의 수는

$61\times61=3721$(장)입니다.

25

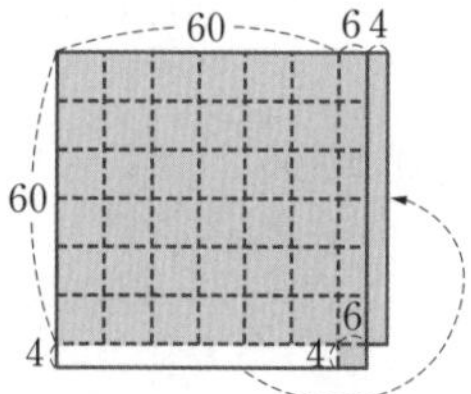

주어진 계산 방법은 위의 그림과 같이 타일을 변경해서 나타낼 수 있습니다.

(색칠한 부분의 넓이)$=(60+10)\times60+6\times4$

$=4200+24=4224$

주어진 계산 방법을 사용할 수 있는 두 자리 수의 곱셈은 십의 자리의 숫자가 같고 일의 자리의 숫자 두 개를 더해서 10이 되는 경우이므로 다음과 같습니다.

십의 자리의 숫자가 1인 경우

(11, 19), (12, 18), (13, 17), (14, 16),

(15, 15) : 5가지

십의 자리 숫자가 2, 3, …, 9인 경우도 마찬가지이므로 모두 $5\times9=45$(가지)입니다.

제5회 예 상 문 제 39~46

1 24개 **2** 7, 8, 13
3 6번째 **4** 27
5 3 **6** 4356
7 0.000144
8 ㉮ : 108°, ㉯ : 36°, ㉰ : 72°
9 40°
10 빵 : 1060원, 우유 : 940원
11 899 **12** 100명
13 124개 **14** 8892칸
15 30그릇 **16** 7개
17 8번 **18** 15가지
19 풀이 참조, 120 cm **20** 2
21 182종류 **22** 31가지
23 253개 **24** 44°
25 ⑦

1 5800억보다 크고 5900억보다 작은 수를 나타내면
58㉠㉡㉢㉣㉤㉥㉦㉧㉨㉩입니다.
㉠＋㉡＝16에서 (㉠, ㉡)＝(9, 7), (8, 8), (7, 9)
로 3가지입니다.
5＋8＋16＝29이므로 나머지 자리는 1 한 개를 제외
하면 모두 0입니다.
1을 쓸 수 있는 자리는 ㉢부터 ㉩까지 8가지이므로 조
건을 모두 만족하는 자연수는 3×8＝24(개)입니다.

2 728＝2×2×2×7×13이므로 이것을 세 수로 나타
냈을 때, 3개의 자연수의 합이 28이 되는 것은 7, 8,
13입니다.

3 곱한 수들을 다시 작은 수의 곱으로 나타내어 보면,
1×2×3×(2×2)×5×(2×3)×7×(2×2×2)
×(3×3)×(2×5)×11×(2×2×3)입니다.
이때 3은 5번 곱해졌으므로 5번째까지는 나누어떨어지
고 6번째에 나누어떨어지지 않습니다.

4 B÷D＝72 ➡ B＝72×D
B×C＝54 ➡ 72×D×C＝54, C×D＝54÷72
A×B×C×D＝36×54÷72
＝27

5 ㄱ☆ㄴ ➡ ㄱ을 ㄴ번 곱한 후 ㄴ을 더하는 규칙
(□☆2)☆3＝1334
(□☆2)×(□☆2)×(□☆2)＋3＝1334
(□☆2)×(□☆2)×(□☆2)＝1331
1331＝11×11×11이므로
(□☆2)＝11, □×□＋2＝11, □＝3

6 (1＋2＋3＋4＋…＋10＋11)×(1＋2＋3＋4＋…
＋10＋11)＝66×66＝4356

7 $\frac{1}{10}$＝0.1, $\frac{1}{100}$＝0.01, $\frac{1}{1000}$＝0.001, …
이와 같이 분모가 10을 계속 곱한 수일 때, 소수로 나
타내기 편리합니다.
$\dfrac{3×3}{5×5×5×5×5×5×2×2}$
＝$\dfrac{3×3×(2×2×2×2)}{5×5×5×5×5×5×2×2×(2×2×2×2)}$
＝$\dfrac{144}{10×10×10×10×10×10}$
＝$\dfrac{144}{1000000}$＝0.000144

8 정오각형 ㄱㄴㄷㄹㅁ의 다섯 각의
크기의 합은 540°이므로 각 ㉮의
크기는 540°÷5＝108°입니다.
삼각형 ㄱㄴㄷ이 이등변삼각형이
므로 각 ㄴㄷㄱ은
(180°－108°)÷2＝36°입니다. 이와 같이 각 ㄹㄷㅁ
도 36°가 되므로 각 ㉯의 크기는
108°－36°－36°＝36°입니다.
각 ㄷㄱㄹ의 크기도 36°이므로 각 ㉰의 크기는
36°＋36°＝72°입니다.

9 가
(각 ㉡)＝360°－(70°＋85°＋100°)＝105°
(각 ㉢)＝180°－(105°＋35°)＝40°
각 ㉢과 각 ㉠의 크기는 같으므로 각 ㉠의 크기는 40°
입니다.

10 (빵×7)＋(우유×4)＝12000－820＝11180(원)
빵 한 개의 값은 우유 한 개의 값보다 120원 비싸므로
빵 7개의 값은 우유 7개의 값보다
120×7＝840(원) 비쌉니다.
(빵×7)＋(우유×4)
＝(우유×7)＋840＋(우유×4)＝11180(원)
(우유×11)＝11180－840＝10340(원)
(우유 한 개의 값)＝10340÷11＝940(원)
(빵 한 개의 값)＝940＋120＝1060(원)

11 3, 5, 2, 1, 9, 7이 규칙적으로 반복됩니다.
200÷6＝33…2이므로 첫째 번부터 200째번 까지의
합은 (3＋5＋2＋1＋9＋7)×33＋3＋5＝899입니
다.

12 이 단체는 최소한 38500÷500＝77(명)이고 15명까
지는 500원, 16명째부터 40명째까지는 400원, 41명
째부터는 350원이므로 350원씩 낸 사람의 수는
{38500－(500×15＋400×25)}÷350＝60(명)
입니다.
따라서 40＋60＝100(명)입니다.

13 가로와 세로를 2줄씩 더 늘리는 데 필요한 바둑돌의
수는 24+20=44(개)입니다.

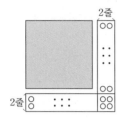

그림과 같이 처음 정사각형의
한 변에 있던 바둑돌의 수는
(44−4)÷2÷2=10(개)
이므로 지금 가지고 있는 바둑
돌의 수는 10×10+24
=124(개)입니다.

14 각 자리 숫자의 개수의 합을 구하면

한 자리 수 : 1~9 ➡ 9개

두 자리 수 : 10~99 ➡ 2×90=180(개)

세 자리 수 : 100~999 ➡ 3×900=2700(개)

네 자리 수 : 1000~2000 ➡ 4×1001=4004(개)

9+180+2700+4004=6893(개)입니다.

(숫자 사이의 간격의 개수)

=2000−1=1999(개)이므로

(필요한 칸 수)=6893+1999=8892(칸)입니다.

15 눈금 한 칸의 크기를 1그릇이라 하면

8000×8+8000×10+7000×6+7000×4

=214000(원)입니다.

따라서 눈금 한 칸의 크기는

642000÷214000=3(그릇)이므로 김치찌개는 모두

3×10=30(그릇)이 판매되었습니다.

16 천의 자리가 9이므로 일의 자리는 6입니다. 이런 수
중 처음의 수를 180° 돌렸을 때, 똑같은 수가 나타나
는 경우는 다음과 같습니다.

9006, 9116, 9226, 9556,
9696, 9886, 9966

➡ 7개

17 무게를 잰 구슬의 개수는 1+2+3+4+⋯+10
=55(개)이고, 55개의 구슬이 모두 24 g이라면
무게는 55×24=1320(g)입니다.

따라서 27 g짜리 구슬 수를 구하면

(1344−1320)÷(27−24)=8(개)

이므로 8번 상자입니다.

18 $1\frac{1}{7}+5\frac{6}{7}$, $1\frac{2}{7}+5\frac{5}{7}$, $1\frac{3}{7}+5\frac{4}{7}$, $1\frac{4}{7}+5\frac{3}{7}$,

$1\frac{5}{7}+5\frac{2}{7}$, $1\frac{6}{7}+5\frac{1}{7}$ ➡ 6가지

$2\frac{1}{7}+4\frac{6}{7}$, $2\frac{2}{7}+4\frac{5}{7}$, $2\frac{3}{7}+4\frac{4}{7}$, $2\frac{4}{7}+4\frac{3}{7}$,

$2\frac{5}{7}+4\frac{2}{7}$, $2\frac{6}{7}+4\frac{1}{7}$ ➡ 6가지

$3\frac{1}{7}+3\frac{6}{7}$, $3\frac{2}{7}+3\frac{5}{7}$, $3\frac{3}{7}+3\frac{4}{7}$ ➡ 3가지

따라서 모두 15가지로 나타낼 수 있습니다.

19

구슬이 움직인 경로는 그림과 같고, 그림에서 만들어
진 작은 사각형들은 모두 크기가 같은 정사각형이 되
므로 선분 ㅁㅂ의 길이는 선분 ㄴㅁ의 $\frac{1}{5}$이 됩니다.

(선분 ㅁㅂ)=20×$\frac{1}{5}$=4(cm)이므로 구슬이 움직
인 거리는 4×30=120(cm)입니다.

20 규칙이 윗줄의 수는 아랫줄의 수에서
(일의 자리의 숫자)÷(십의 자리의 숫자)이므로

9÷1=9	6÷3=2	2÷2=1	8÷2=4	8÷4=2	6÷2=3
19	36	22	28	48	26

21

Ａ역에서 발급하는 기차표의 가짓수는

A ➡ 1, A ➡ 2, A ➡ 3, ⋯, A ➡ B

13가지입니다.

1역에서 발급하는 기차표의 가짓수는

1 ➡ A, 1 ➡ 2, 1 ➡ 3, ⋯, 1 ➡ B

13가지입니다.

A역과 B역을 왕복하는 기차이므로

A ➡ 1과 1 ➡ A는 다른 기차표입니다.

따라서 전체 14개의 역에서 발급하는 기차표의 종류
는 14×13=182(종류)가 있어야 합니다.

22 전 → 국 → 수 → 학 → 왕을 찾아 위쪽에서 아래쪽 방
향으로 길의 가짓수를 구합니다.

전
↓1
전 →¹ 국 ←¹ 전
↓1   ↓3   ↓1
전 →¹ 국 →² 수 →² 국 ←¹ 전
↓1   ↓2   ↓7   ↓2   ↓1
전 →¹ 국 →² 수 →⁴ 학 →⁴ 수 →² 국 ←¹ 전
↓1   ↓2   ↓4   ↓15   ↓4   ↓2   ↓1
전 →¹ 국 →² 수 →⁴ 학 →⁸ 왕 →⁸ 학 →⁴ 수 →² 국 ←¹ 전

따라서 8＋15＋8＝31(가지)입니다.

23

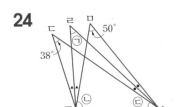

가지고 있던 금화의 개수를 □개라고 하면, 병사에게 준 금화의 개수는 (□＋3)÷2(개), 남은 금화의 개수는 (□－3)÷2(개)가 됩니다. 이것을 계속 반복해서 마지막에 1개가 남았으므로 6번째 문을 통과하기 전이 남자가 가지고 있던 금화의 개수는 □＝1×2＋3＝5(개)입니다. 이 방법을 이용해서 표를 만들면 다음과 같습니다.

문	마지막	6번째	5번째	4번째	3번째	2번째	1번째
금화의 개수	1	5	13	29	61	125	253

따라서 이 남자가 처음에 가지고 있던 금화의 개수는 253개입니다.

24

○＋©＋▲＋▲＋38°＝©＋©＋●＋●＋50°
(▲＋▲)－(●＋●)＝50°－38°＝12°
▲－●＝12°÷2＝6°
©＋©＋●＋●＝180°－50°＝130°
©＋©＋●＋●＋(▲－●)＝130°＋6°＝136°
©＋©＋●＋▲＝136°
따라서 (각 ㉠)＝180°－136°＝44°입니다.

25 두 사람이 만나려면 그 지점까지 도착하는 데 걸리는 시간이 같아야 합니다. 사람이 달려간 거리는 (속력)×(시간)이므로 시간은 (거리)÷(속력)으로 구

해줍니다.

한 구간을 100 m라고 가정하고 각각의 지점에서 교차하는 사람이 그 지점을 통과하는 데 걸리는 시간이 같은지 알아봅니다.
①번 사거리 : 100÷300과 100÷250(×)
②번 사거리 : 100÷280과 200÷250(×)
③번 사거리 : 100÷150과 300÷250(×)
④번 사거리 : 200÷300과 100÷200(×)
⑤번 사거리 : 200÷280과 200÷200(×)
⑥번 사거리 : 200÷150과 300÷200(×)
⑦번 사거리 : 300÷300과 100÷100(○)
⑧번 사거리 : 300÷280과 200÷100(×)
⑨번 사거리 : 300÷150과 300÷100(×)
따라서 ⑦번 사거리에서 두 사람은 만나게 됩니다.

제6회 예 상 문 제 47~54

1 70가지
2 가 : 8, 나 : 16, 다 : 24
3 나누어지는 수 : 27, 나누는 수 : 6
4 42857 **5** 5가지
6 199개 **7** 8.74
8 1360 **9** 54°
10 각 ㉠ : 15°, 각 © : 105°
11 50°
12 (1) 3분 12초 (2) 236
13 140 **14** 6개
15 462 **16** 42
17 535 **18** 29
19 9, 61, 46, 18, 121 **20** 42개
21 44
22 1등 : 석기, 2등 : 한별
3등 : 동민, 4등 : 용희
23 풀이 참조
24 (1) 정사각형, 394 (2) 124번째

25 (1) ① 4장　② 8장　③ 16장

(2) (가로의 개수)+(세로의 개수)−(가로와 세로를 나누어떨어지게 하는 가장 큰 수)

(3) 108장

1 5392864539<539 ㉠ 7532 ㉡ 4에서 ㉠에 알맞은 숫자는 3, 4, 5, 6, 7, 8, 9 ➡ 7개

㉡에 알맞은 숫자는 0부터 9까지 10개

따라서 □ 안에 알맞은 숫자를 써넣는 방법은 모두 7×10=70(가지)입니다.

2 가×나=128=2×2×2×2×2×2×2 ⋯ ①

가×다=192=2×2×2×2×2×2×3 ⋯ ②

나+다=40 ⋯ ③

①, ②, ③을 만족하는 가, 나, 다를 예상해서 확인해 보면 가는 8, 나는 16, 다는 24임을 알 수 있습니다.

별해

가×나+가×다=가×(나+다)

128+192=가×40

가=8

나=128÷8=16

다=192÷8=24

3 두 수를 가, 나라고 할 때,

가÷나=4⋯3, 가+나+4+3=40입니다.

가=나×4+3, 가+나=33이므로

나=(33−3)÷5=6, 가=6×4+3=27입니다.

4 처음의 다섯 자리 수를 □라 하면 끝 자리의 숫자 뒤에 1을 붙인 수는 10×□+1이고, 앞 자리의 숫자 앞에 1을 붙인 수는 100000+□입니다.

10×□+1=3×(100000+□)

10×□+1=300000+3×□, 7×□=299999

□=42857

5 • 막대그래프에서 사과를 좋아하는 학생은 3명, 수박을 좋아하는 학생은 9명이므로 배, 포도, 멜론을 좋아하는 학생은 모두 14명입니다.

• 배를 좋아하는 학생 수는 3명보다 많고 9명보다 적습니다.

• 멜론을 좋아하는 학생 수는 포도를 좋아하는 학생 수보다 1명 또는 2명 더 많습니다.

	배	포도	멜론	합계
①	4	4	6	14
②	5	4	5	14
③	6	3	5	14
④	7	3	4	14
⑤	8	2	4	14

따라서 모두 5가지입니다.

6 십의 자리의 숫자와 일의 자리의 숫자의 합이 9인 경우는 0과 9, 1과 8, 2와 7, 3과 6, 4와 5, 5와 4, 6과 3, 7과 2, 8과 1, 9와 0입니다.

18, 27, ⋯, 81, 90 ➡ 9개

109, 118, 127, ⋯, 181, 190 ➡ 10개

209, 218, 227, ⋯, 281, 290 ➡ 10개

⋮

1909, 1918, 1927, ⋯, 1981, 1990 ➡ 10개

따라서 9+10×19=199(개)입니다.

7 소수점을 오른쪽으로 한 자리 옮긴 수와 왼쪽으로 한 자리 옮긴 수의 차가 86.526이 되었으므로 어떤 소수는 ㄱ.ㄴㄷ으로 예상할 수 있습니다.

```
    ㄱ ㄴ . ㄷ
 −  0 . ㄱ ㄴ ㄷ
    8 6 . 5 2 6
```

ㄷ은 4, ㄴ은 7, ㄱ은 8임을 알 수 있습니다.

따라서 어떤 소수는 8.74입니다.

별해

어떤 소수를 가라고 하면, 소수점을 오른쪽으로 한 자리 옮긴 수는 10×가, 소수점을 왼쪽으로 한 자리 옮긴 수는 0.1×가입니다.

10×가−0.1×가=86.526

9.9×가=86.526

가=86.526÷9.9=8.74

8 도형들의 규칙을 찾아보면 다음과 같습니다.

△ ⬠ =3+5=8 : 두 도형의 변의 수의 합

△̲ =3×3×3=27 : 3을 3번 곱한 수

△̲ =3×3×3×3=81 : 3을 4번 곱한 수

◯̲ △̲ =(6×6×6×6)+(4×4×4)

=1296+64=1360

9

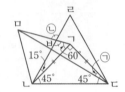

삼각형 ㄴㄷㅁ은 이등변삼각형이므로 각 ㉮의 크기는
$(180° - 72°) ÷ 2 = 54°$

10 삼각형 ㅂㄴㄱ에서
$(각 ㉡) = (각 ㄴㅂㄱ)$
$\quad = 180° - (15° + 60°)$
$\quad = 105°$
삼각형 ㄱㅁㄷ은 이등변삼각형이므로
$(각 ㉠) = \{180° - (60° + 90°)\} ÷ 2 = 15°$입니다.

11

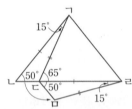

삼각형 ㄱㄴㄷ과 똑같은 삼각형 ㄹㄷㅁ을 왼쪽과 같이 붙이면 각 ㄷㅁㄹ은 $180° - (50° + 15°) = 115°$로 각 ㄱㄷㅁ과 크기가 같고 선분 ㄱㄷ과 선분 ㄹㅁ의 길이는 같아서 사각형 ㄱㄷㅁㄹ은 사다리꼴입니다. 따라서 선분 ㄷㅁ과 선분 ㄱㄹ은 평행하고 각 ㄱㄹㄷ과 각 ㄹㄷㅁ의 크기가 같으므로 각 ㄱㄹㄷ의 크기는 50°입니다.

12 (1) 1부터 9까지 ➡ 9초
　　　10부터 99까지 ➡ $2 × 90 = 180$(초)
　　　100 ➡ 3초
　　　$9 + 180 + 3 = 192$(초) ➡ 3분 12초
　　(2) 1부터 100까지 인쇄하는 데 3분 12초가 걸리므로 10분－3분 12초＝6분 48초＝408초 동안 인쇄할 수 있는 세 자리 수의 개수를 구합니다.
　　　$408 ÷ 3 = 136$(개)이므로 10분 후에 인쇄가 끝나는 세 자리 수는 $100 + 136 = 236$입니다.

13 어떤 수를 6으로 나누었을 때의 나머지는 0, 1, 2, 3, 4, 5이고 $0 + 1 + 2 + 3 + 4 + 5 = 15$이므로 $300 ÷ 15 = 20$에서 연속된 자연수가 6개씩 20묶음이 되었을 때 식의 값은 300이 됩니다.
따라서 식의 값이 처음으로 보다 크게 되는 것은 $6 × 20 + 1 = 121$에서 20부터 121번째의 수이므로 어떤 수 A는 $20 + 120 = 140$입니다.

14 ① ○표 한 부분에서는 예각과 둔각이 2개씩 각각 같습니다.
② 4개의 꼭짓점에서는 예각이 2개씩 모두 8개가 있습니다.
③ 가운데 선분이 만나는 곳에서는 예각이 10개, 둔각이 12개 있습니다.
①～③에 의해 예각과 둔각의 개수의 차는 $8 + 10 - 12 = 6$(개)입니다.

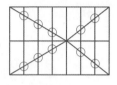

15 가$(10) = 10 × 10 = 100$
나$(20) = 19 × 19 + 1 = 362$
따라서 가$(10) +$ 나$(20) = 100 + 362 = 462$입니다.

16 ★과 ◆은 0이 아닌 서로 다른 숫자이므로 합이 가장 작은 경우는 3이고 $\frac{3}{7} + \frac{5}{7} = 1\frac{1}{7}$이므로 ★과 ◆의 합은 9이거나 9보다 작아야 합니다. 따라서 ★과 ◆의 합이 될 수 있는 수의 값을 모두 더하면 $3 + 4 + 5 + 6 + 7 + 8 + 9 = 42$입니다.

17 $<35> = 0$, $<40> = 5$, $<45> = 3$, $<50> = 1$, $<55> = 6$, $<60> = 4$, $<65> = 2$, $<70> = 0$, $<75> = 5$, $<80> = 3$, …
35부터 □의 수가 5씩 커질 때 나머지는 0, 5, 3, 1, 6, 4, 2가 반복됩니다.
$300 ÷ (0 + 5 + 3 + 1 + 6 + 4 + 2) = 14 … 6$이므로
$(0 + 5 + 3 + 1 + 6 + 4 + 2) × 14 + (0 + 5 + 3)$
$= 302$가 되어 300보다 처음으로 큰 수가 됩니다.
따라서 나머지가 3인 $<45>$부터 15번째 수를 구하면 ㉠$= 45 + 35 × 14 = 535$입니다.

18 긴바늘은 1시간에 360°만큼 움직이므로 10분에는 $360° ÷ 6 = 60°$만큼 움직입니다.
짧은바늘은 1시간에 $360° ÷ 12 = 30°$만큼 움직이므로 10분에는 $30° ÷ 6 = 5°$만큼 움직입니다.
긴바늘은 짧은바늘보다 10분에 $60° - 5° = 55°$ 더 움직이고, 긴바늘이 짧은바늘보다 275°만큼 더 움직였으므로 $275° ÷ 55° = 5$에서 버스를 타고 있던 시간은 $10 × 5 = 50$(분)입니다.
그러므로 버스에 탄 시각은 5시 15분－50분＝4시 25분입니다.
㉠$= 4$, ㉡$= 25$이므로 ㉠＋㉡$= 29$입니다.

■ ■ ■ ■ 정답과 풀이

19 주어진 수들에서 규칙을 찾으면 아랫칸의 수들은 윗칸의 수를 두 번 곱한 값의 자리의 순서를 거꾸로 쓴 것입니다.

5일 때, $5 \times 5 = 25 \Rightarrow 52$

6일 때, $6 \times 6 = 36 \Rightarrow 63$

7일 때, $7 \times 7 = 49 \Rightarrow 94$

17일 때, $17 \times 17 = 289 \Rightarrow 982$

따라서 3일 때, $3 \times 3 = 9 \Rightarrow 9$

4일 때, $4 \times 4 = 16 \Rightarrow 61$

8일 때, $8 \times 8 = 64 \Rightarrow 46$

9일 때, $9 \times 9 = 81 \Rightarrow 18$

11일 때, $11 \times 11 = 121 \Rightarrow 121$

20

$3 \times 6 = 18$(개)   6개   12개 $3 \times 2 = 6$(개)

따라서 정삼각형의 개수는

$18 + 6 + 6 + 12 = 42$(개)입니다.

21

 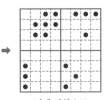

아래쪽으로   시계 방향으로
5번 뒤집은   90°만큼 5번
모양   돌린 모양

따라서 '구'자를 점자로 나타내기 위해 점을 표시한 칸의 수를 모두 더하면

$6 + 7 + 8 + 23 = 44$입니다.

22 ① 가영이의 예상 중 한별이가 2등이라는 예상이 맞고 용희가 3등이라는 예상이 틀린 경우

	한별	용희	동민	석기
1등		×		○
2등	○			
3등		×	○	
4등	×			

표와 같이 세 여학생의 예상이 반씩 맞았을 때 잘못된 부분이 생기지 않으므로 1등은 석기, 2등은 한별이, 3등은 동민이, 4등은 용희입니다.

② 가영이의 예상 중 한별이가 2등이라는 예상이 틀리

고 용희가 3등이라는 예상이 맞는 경우 예슬이의 예상은 둘 다 틀린 것이 되므로 옳지 않습니다.

23  도형은 20개의 삼각형으로 이루어졌으므로 나누어진 도형 하나에는 삼각형 $20 \div 4 = 5$(개)가 들어 있습니다.

삼각형 5개로 이루어지고 모양이 똑같은 4개의 도형을 위와 같이 만들 수 있습니다.

24 (1) 4개의 도형이 반복되므로 25번째에 있는 도형은 $25 \div 4 = 6 \cdots 1$이므로 정사각형입니다. 정사각형의 왼쪽 위의 꼭짓점에 있는 수는 1, 17, 33, …과 같이 16씩 늘어나는 규칙이 있으므로 7번째 정사각형에는 $16 \times 7 - 15 = 97$부터 쓰여 있습니다.

따라서 $97 + 98 + 99 + 100 = 394$입니다.

(2) 마름모의 가장 위에 있는 꼭짓점의 수들은 13, 29, 45, …로 16씩 늘어나는 규칙이 있으므로 $16 \times \square - 3$입니다.

$16 \times \square - 3 = 493$, $\square = (493 + 3) \div 16 = 31$

즉, 31번째 마름모이므로 처음부터 $31 \times 4 = 124$(번째) 위치에 있습니다.

25 (1) ①

(4장)

②

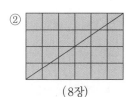

(8장)

③

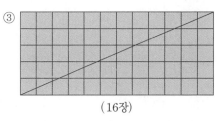

(16장)

(2) 이 규칙은 (가로의 개수)＋(세로의 개수)－(가로와 세로를 나누어떨어지게 하는 가장 큰 수)입니다.

$4 \times 2 \Rightarrow 4 + 2 - 2 = 4$(장)

$3 \times 2 \Rightarrow 3 + 2 - 1 = 4$(장)

$6 \times 4 \Rightarrow 6 + 4 - 2 = 8$(장)

$12 \times 5 \Rightarrow 12 + 5 - 1 = 16$(장)

(3) 36×84는 36과 84는 12로 나누어떨어지므로, $36 + 84 - 12 = 108$(장)의 타일에 선이 그어집니다.

제7회 예 상 문 제	55~62

1	10 m	**2**	27
3	102	**4**	70°
5	각 ㅂㄱㄴ : 120 , 각 ㄴㅁㄷ : 100°		
6	6 cm	**7**	99
8	48개	**9**	26점
10	4464개	**11**	4719
12	40°	**13**	직선 다, 129번째
14	15칸	**15**	102개
16	72°	**17**	$575\frac{10}{15}$
18	70 cm	**19**	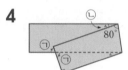
20	4개	**21**	90분 후
22	C, D	**23**	200도막
24	2460개	**25**	84개

1 호수 둘레에는 10개의 간격이 생기므로
화단 사이의 간격은 $(190-9\times10)\div10=10(\text{m})$입니다.

2 ◆＋★＋♥＝13에서
$◆＋◆＋3\frac{5}{13}＋(◆\times3)=13,$
$◆\times5=13-3\frac{5}{13}=12\frac{13}{13}-3\frac{5}{13}$
$\qquad=9\frac{8}{13}=\frac{125}{13}$
$◆\times5=\frac{125}{13}=\frac{25}{13}+\frac{25}{13}+\frac{25}{13}+\frac{25}{13}+\frac{25}{13}$이므로
$◆=\frac{25}{13}=1\frac{12}{13}$입니다.
$★=◆+3\frac{5}{13}=1\frac{12}{13}+3\frac{5}{13}=4\frac{17}{13}=5\frac{4}{13}$
$♥=◆\times3=◆+◆+◆$
$\qquad=1\frac{12}{13}+1\frac{12}{13}+1\frac{12}{13}=3\frac{36}{13}=5\frac{10}{13}$
세 분수 중 가장 큰 분수는 $5\frac{10}{13}$이고, 가장 작은 분수는
$1\frac{12}{13}$이므로 두 분수의 차는

$5\frac{10}{13}-1\frac{12}{13}=4\frac{23}{13}-1\frac{12}{13}=3\frac{11}{13}$
➡ ㉠＋㉡＋㉢＝3＋13＋11＝27

3 $30\times30\times30=27000$이고, $40\times40\times40=64000$이
므로 연속하는 세 수는 30보다 크고 40보다 작습니다.
연속하는 세 수의 일의 자리 숫자의 곱이 0이므로 세
수의 일의 자리 숫자는 3, 4, 5 또는 4, 5, 6 또는 5,
6, 7 중에 하나입니다.
$33\times34\times35=39270$, $34\times35\times36=42840$,
$35\times36\times37=46620$이므로 세 수는 33, 34, 35입니
다. 따라서 조건을 만족하는 연속하는 세 수의 합은
$33+34+35=102$입니다.

4
(각 ㉡)＝$180°-80°\times2=20°$
(각 ㉠)＝$180°-(90°+20°)$
$\qquad\qquad=70°$

5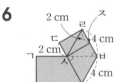
삼각형 ㄴㄷㄹ에서 각 ㄹㄴㄷ과
각 ㄹㄷㄴ의 합은
$180°-140°=40°$입니다.
삼각형 ㄱㄴㄷ에서 각 ㄱㄴㄷ과
각 ㄱㄷㄴ의 합은
$40°\times3=120°$이므로 각 ㅂㄱㄴ의 크기는 120°이고,
각 ㄴㅁㄷ의 크기는 $180°-40°\times2=100°$입니다.

6
(선분 ㄱㅅ)＋(선분 ㅅㅂ)
＋(선분 ㅂㄹ)＝12 cm
(선분 ㄱㅅ)＝12－4－4
$\qquad\qquad=4(\text{cm})$
(선분 ㄷㅅ)＝(선분 ㄹㅈ)＝2 cm
(꺾어진 선 ㄱㅅㄷ)＝4＋2＝6(cm)

7 상연이가 고른 숫자 카드에 적힌 숫자가
㉠＞㉡＞㉢＞㉣＞㉤＞㉥이라고 하면
(1) ㉥＝0일 때 숫자 카드를 두 번씩 사용하여 만들 수
있는 가장 큰 12자리의 수는 ㉠㉠㉡㉡㉢㉢㉣㉣㉤
㉤00이고, 가장 작은 12자리의 수는 ㉤00㉤㉣㉣
㉢㉢㉡㉡㉠㉠입니다.

	㉠	㉠	㉡	㉡	㉢	㉢	㉣	㉣	㉤	㉤	0	0
＋	㉤	0	0	㉤	㉣	㉣	㉢	㉢	㉡	㉡	㉠	㉠
	1	0	9	9	0	2	2	2	1	9	9	9

일의 자리에서 $0+㉠=9$이므로 ㉠＝9

(2) 백억의 자리에서 천억의 자리로 받아올림이 없으므로 $9+ⓜ=10$에서 $ⓜ=1$

(3) 십억의 자리에서 $ⓛ+0=9$에서 $ⓛ$은 9라고 생각할 수 있으나 $ⓣ=9$이므로 $ⓛ$은 9가 아닙니다. 따라서 $ⓛ+ⓜ$에서 받아올림이 있으므로 $ⓛ=9-1=8$입니다.

(4) 만의 자리에서 $ⓔ+ⓒ=11$이므로 $4+7=11$, $5+6=11$에서 $ⓒ=7$, $ⓔ=4$ 또는 $ⓒ=6$, $ⓔ=5$입니다.

(5) $ⓒ=7$, $ⓔ=4$일 때 예슬이가 가진 숫자는 2, 3, 5, 6이므로 예슬이가 만들 수 있는 가장 큰 수는 66553322이고 두 번째로 큰 수는 66553232, 세 번째로 큰 수는 66553223이므로 두 수의 차는

$$
\begin{array}{r}
6\,6\,5\,5\,3\,3\,2\,2 \\
-\ 6\,6\,5\,5\,3\,2\,2\,3 \\
\hline
9\,9
\end{array}
$$

에서 99입니다.

$ⓒ=6$, $ⓔ=5$일 때 예슬이가 가진 숫자는 2, 3, 4, 7이므로 가장 큰 8자리 수는 77443322이고 세 번째로 큰 수는 77443223이므로 두 수의 차는 99입니다.

8 지연이네 반의 경우에서 생각할 수 있는 사탕 수는 216개, 240개, 264개, 288개, 312개, 336개, 360개, 384개입니다.

건우네 반의 경우에서 생각할 수 있는 사탕 수는 224개, 256개, 288개, 320개, 352개, 384개입니다.

지연이네 반과 건우네 반의 경우에서 생각할 수 있는 사탕 수는 288개, 384개인데

$288÷72=4$, $384÷72=5\cdots24$이므로 처음에 준비한 사탕 수는 384개이고 모두 똑같이 나누어 주려면 $72-24=48$(개)의 사탕이 더 필요합니다.

9 미소가 넣은 콩주머니의 수 : $20-14=6$(개)

기영이가 넣은 콩주머니의 수 : $20-2=18$(개)

용호가 넣은 콩주머니의 수 : 16개

나연이가 넣은 콩주머니의 수를 □개라고 하면

$60+□×10-(20-□)×3=156$

$13×□=156$, $□=12$(개)

콩주머니를 가장 많이 넣은 사람은 기영이고, 두 번째로 많이 넣은 사람은 용호이므로 두 사람의 점수의 차는

$(60+18×10-2×3)-(60+16×10-4×3)$

$=234-208=26$(점)입니다.

10 네 개의 숫자가 모두 다른 숫자로 이루어진 경우를 알아보면,

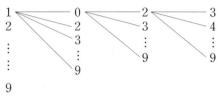

→ $9×9×8×7=4536$(개)

네 자리 수 전체에서 모두 다른 숫자로 이루어진 경우를 제외하면 같은 숫자가 적어도 2번 사용되어 이루어져 있는 수의 개수를 구할 수 있습니다.

따라서 $9000-4536=4464$(개)입니다.

11 연속된 9개의 수 사이에는 동일한 간격 8개가 생기므로 $32÷8=4$씩 차이가 나게 늘어놓은 것입니다.

처음 수가 1이므로 □번째 수는

$4×□-3$입니다.

(12번째 수)$=4×12-3=45$

(50번째 수)$=4×50-3=197$

(12번째 수부터 50번째 수까지의 합)

$=(45+197)×39÷2=4719$

12

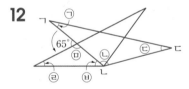

$ⓣ=ⓛ-100°$, $ⓒ=ⓛ-95°$이므로

$ⓣ+ⓛ+ⓒ=180°$에서

$ⓛ-100°+ⓛ+ⓛ-95°=180°$,

$ⓛ+ⓛ+ⓛ=375°$, $ⓛ=125°$입니다.

따라서 $ⓣ=125°-100°=25°$,

$ⓒ=125°-95°=30°$입니다.

$ⓔ=ⓣ=25°$, $ⓜ=180°-65°=115°$,

$ⓗ=180°-(ⓔ+ⓜ)$

　$=180°-(25°+115°)$

　$=40°$

삼각형 ㄱㄴㄷ을 $40°$만큼 돌린 것입니다.

13 직선 가, 나, 다 위의 수는 3으로 나누었을 때, 나머지가 각각 1, 2, 0입니다.

(가 위의 100번째 수)$=3×100-2=298$

(나 위의 30번째 수)=3×30−1=89
따라서 (298+89)÷3=129이므로
직선 다 위의 129번째 수입니다.

14

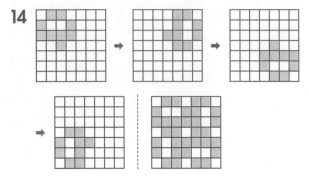

색칠되지 않은 칸은 17칸이고 색칠된 칸은 32칸이므로 색칠된 칸의 수와 색칠되지 않은 칸의 수의 차는 32−17=15(칸)입니다.

15 2칸짜리 : 6×3=18(개)
3칸짜리 : 9×3=27(개)
4칸짜리 : 6×3=18(개)
5칸짜리 : 4×3=12(개)
6칸짜리 : 2×3=6(개)
7칸짜리 : 1×3=3(개)
8칸짜리 : 4×3=12(개)
12칸짜리 : 1×3=3(개)
15칸짜리 : 1×3=3(개)
따라서 모두 102개입니다.

16 오른쪽 그림과 같이 선분 ㄴㄷ을 연장하면 평행선과 한 직선이 만날 때 생기는 같은 쪽의 각의 크기는 같으므로
(각 ㅁㄴㅂ)
=(각 ㄹㄷㅈ)=76°입니다.
(각 ㅂㄷㅅ)=180°−76°=104°이고
(변 ㄴㅂ)=(변 ㅂㄷ)=(변 ㄷㅅ)=(변 ㅅㄹ)이므로
삼각형 ㄷㅂㅅ는 이등변삼각형입니다.
(각 ㄷㅅㅂ)=(180°−104°)÷2=38°,
(각 ㅂㅅㅇ)=180°−34°−38°=108°입니다.
평행사변형에서 이웃한 각의 합은 180°이므로
㉠=180°−108°=72°입니다.

17 분모가 15인 분수 중에서 자연수로 나타낼 수 있는 분

수는 $\dfrac{15}{15}$, $\dfrac{30}{15}$, $\dfrac{45}{15}$, …, $\dfrac{195}{15}$입니다.
따라서 구하는 분수의 합은
$$\dfrac{(1+199)\times 50}{15}-(1+2+\cdots+13)$$
$$=\dfrac{10000}{15}-(1+13)\times 13\div 2$$
$$=666\dfrac{10}{15}-91=575\dfrac{10}{15}$$

18 나무 블록을 이라 하면,
{(72+ㄴ+68+ㄱ)−ㄱ−ㄴ}÷2
=140÷2=70(cm)

19 그림에서 가의 위치는 1을, 나의 위치는 2를, 다의 위치는 4를, 라의 위치는 8을 나타내므로
11=1+2+8=가+나+라입니다.

별해
1부터 15까지의 자연수를 합이 15가 되게 짝을 지으면 (15), (1, 14), (2, 13), (3, 12), (4, 11), (5, 10), (6, 9), (7, 8)이고 짝지은 큰 정삼각형을 겹치면 작은 정삼각형 모두 색이 칠해지게 됩니다.
따라서 (,)이 됩니다.

20 ① ㉠이 9일 때 ㉢은 4이고 이때 ㉡은 8, 7, 6, 5이고 ㉣은 2, 3, 4, 5입니다.
그런데 ㉠, ㉡, ㉢, ㉣은 서로 다른 숫자이므로 ㉣은 4와 5는 될 수 없습니다.
(㉠, ㉡, ㉢, ㉣) ➡ (9, 8, 4, 2), (9, 7, 4, 3)
➡ 2가지
② ㉠이 8일 때 ㉢은 5이고 이때 ㉡은 7, 6이고 ㉣은 3, 4입니다.
(㉠, ㉡, ㉢, ㉣) ➡ (8, 7, 5, 3), (8, 6, 5, 4)
➡ 2가지
③ ㉠이 7일 때 ㉢은 6이고 이때 ㉡은 알맞은 숫자가 없습니다.
따라서 만들 수 있는 덧셈식은 모두 2+2=4(개)입니다.

21 (가 물탱크에 1분 동안 채워지는 물의 높이)
=80÷40=2(cm)

(나 물탱크에 1분 동안 채워지는 물의 높이)
$=(80-60)÷(40-20)=1(cm)$

가 물탱크를 채우기 시작하여 40분 후에 물의 높이가 같아졌고, 그 후 가 물탱크가 나 물탱크보다 50 cm 높아지는데 걸린 시간은 $50÷(2-1)=50$(분)이므로 가 물탱크를 채우기 시작한 지 $40+50=90$(분) 후입니다.

22 ②에 의해서 먼저 E를 샀다고 가정하면 ⑤에 의해서, A, D를 사고 ①과 ④에 의해서 B와 C를 사야 하는데 이것은 ③에 맞지 않습니다. 이번에는 ②에 의해서 D를 샀다고 가정하면 ④에 의해서 C도 사야 합니다.

23

자른 횟수(번)	1	2	3	…	100
나누어진 도막의 수	2	4	6	…	200

나누어진 도막의 수는 자른 횟수의 2배이므로,
$100×2=200$(도막)입니다.

24

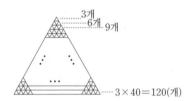

(전체 개수)$=(3+120)×40÷2=2460$(개)

별해

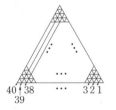

한쪽 방향에 있는 성냥개비 수는
$40+39+38+…+3+2+1=(40+1)×40÷2$
$=820$(개)이고 세 방향에서 각각 820개씩이므로
(전체 개수)$=820×3=2460$(개)입니다.

25 ① 다음과 같이 가로로 1칸, 또는 세로로 1칸을 사용하여 만든 둔각삼각형

② 가로로 2칸을 사용하여 만든 둔각삼각형

두 칸을 취하는 방법은 6가지이므로 만들 수 있는 둔각삼각형은 $2×6=12$(개)

③ 가로로 3칸을 사용하여 만든 둔각삼각형

  $4×2=8$(개)

④ 가로 또는 세로의 선을 제외한 대각선만을 사용한 둔각삼각형

 4개

따라서 ①, ②, ③, ④에 의해
$60+12+8+4=84$(개)입니다.

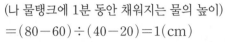

제8회 예 상 문 제	63~70

1 6

2 (1) C   (2) 86

3 A : 4, H : 9   **4** 120개

5 210   **6** A : 26, B : 260

7 790개   **8** 26개

9 2.74   **10** 15

11 20가지   **12** 28개

13 40°   **14** 21

15 111111111   **16** 22

17 15개   **18** 풀이 참조

19 6900원   **20** 7대

21 9가지   **22** 16개

23 세 짝   **24** 111°

25 풀이 참조

1 0부터 9까지의 10장의 숫자 카드의 숫자의 합은 45이고, 사용한 8장의 숫자의 합이 33이므로 사용하지 않은 숫자 카드의 숫자의 합은 $45-33=12$이므로

(3, 9), (4, 8), (5, 7) 중 하나입니다.

(1) 가장 큰 수 : ⑨⑥⑧④③①②⓪

차가 3

가장 큰 수를 만들려면 (5, 7)의 숫자를 사용하지 않습니다.

따라서 천의 자리 숫자는 3입니다.

(2) 가장 작은 수 : ①⑥⓪②③⑤⑦⑨

차가 3

가장 작은 수를 만들 때도 (5, 7)의 숫자를 사용하지 않아야 하지만 차가 3인 수를 만들 수 없어 (4, 8)의 숫자를 사용하지 않아야 합니다.

따라서 가장 작은 수의 천의 자리 숫자 3이므로 두 숫자의 합은 3+3=6입니다.

2 (1) $559÷4=139\cdots3$이므로

599 아래에 있는 문자는 C입니다.

(2) B 위에 있는 자연수는 2, 6, 10, …이므로

22번째 B 위에 있는 자연수는 $4×22-2=86$입니다.

3 A×A의 일의 자리의 숫자는 B이므로

(A, B)는 (2, 4), (3, 9), (4, 6), (7, 9), (8, 4), (9, 1)이 가능하고 A×B의 일의 자리의 숫자는 A이므로 A는 4, B는 6 또는 A는 9, B는 1입니다. 그런데 B가 1이면, $1C9×1=1C9$에서 G1D9와 같지 않으므로 A는 4, B는 6입니다.

$6C4×4=F4E6$에서 F는 2, $6C4×6=G6D4$에서 G는 3이므로 C는 1, D는 8, E는 5, H는 9입니다.

4 백의 자리의 숫자가

2일 때 : 210 ➡ 1개

3일 때 : 310, 320, 321 ➡ 1+2=3(개)

4일 때 : 410, 420, 430, 421, 431, 432

➡ 1+2+3=6(개)

위와 같은 방법으로 구하면

5일 때 : 1+2+3+4=10(개)

6일 때 : 1+2+3+4+5=15(개)

7일 때 : 1+2+3+4+5+6=21(개)

8일 때 : 1+2+3+4+5+6+7=28(개)

9일 때 : 1+2+3+4+5+6+7+8=36(개)

따라서 1+3+6+10+15+21+28+36=120(개)

5 5로 나누어떨어지고 3으로도 나누어떨어지는 짝수는 30으로 나누어떨어지는 수입니다. 400보다 작고 (백의 자리의 숫자)>(십의 자리의 숫자)>(일의 자리의 숫자)이며 30으로 나누어떨어지는 수는 210입니다.

6 $2600×A=26×100×A=26×10×10×A$

A는 26이고

$(26×10)×(26×10)=260×260=B×B$

따라서 B는 260입니다.

7 천의 자리의 숫자가 1인 경우 : 1999 ➡ 1개

천의 자리의 숫자가 2인 경우 :

2000	2100	2200	⋯	2900
2011	2111	2211	⋯	2911
2022	2122	2222	⋯	2922
⋮	⋮	⋮		⋮
2099	2199	2299	⋯	2999

➡ 10×10=100(개)

천의 자리의 숫자가 3, 4, …, 8일 때도 같습니다.

천의 자리의 숫자가 9인 경우 :

9000	9100	9200	⋯	9700
9011	9111	9211	⋯	9711
9022	9122	9222	⋯	9722
⋮	⋮	⋮		⋮
9099	9199	9299	⋯	9799

따라서 8×10=80(개)입니다.

9800, 9811, 9822, 9833, 9844, 9855, 9866, 9877, 9888 ➡ 9개

따라서 1+100×7+80+9=790(개)입니다.

8 세로 눈금 한 칸은 2문제를 나타냅니다.

민섭이가 얻은 점수 :

14×5+18×3=124(점)

다슬이가 얻은 점수 : 6×5+8×3=54(점)

재현이가 얻은 점수를 □라 하면

124+□+□+50+54=400,

□+□=172, □=86입니다.

재현이가 얻은 점수는 86점이고 재현이가 5점짜리를 맞혀 얻은 점수는 50점이므로 재현이가 3점짜리를 맞혀 얻은 점수는 36점입니다. 그러므로 재현이가 맞힌 3

■■■■ **정답과 풀이**

점짜리 문제의 개수는 36÷3=12(개)입니다. 건희가 3점짜리 문제를 맞혀 얻은 점수는 3×18+12=66(점)입니다. 건희가 얻은 점수는 재현이가 얻은 점수보다 50점이 많으므로 86+50=136(점)이므로 건희가 5점짜리를 맞혀 얻은 점수는 136−66=70(점)입니다.

그러므로 건희가 맞힌 5점짜리 문제의 개수는 70÷5=14(개)입니다.

따라서 재현이가 맞힌 3점짜리 문제의 개수와 건희가 맞힌 5점짜리 문제의 개수의 합은 12+14=26(개)입니다.

9 어떤 소수 두 자리 수 ㉮를 ㉠.㉡㉢이라고 하면 10을 곱한 수는 ㉠㉡.㉢이고, 100을 곱한 수는 ㉠㉡㉢입니다.

```
        ㉠ ㉡ ㉢
        ㉠ ㉡ . ㉢
  +        ㉠ . ㉡ ㉢
  ──────────────
  ■ ▲ 4 . 1 4
```

㉢=4, 4+㉡=11에서 ㉡=7,
1+㉢+㉡+㉠=14, 1+4+7+㉠=14, ㉠=2
따라서 소수 두 자리 수 ㉮는 2.74입니다.

10 ① ★이 7보다 큰 수일 때 가장 큰 소수 세 자리 수는 ★.732이고, 가장 작은 소수 두 자리 수는 23.7★입니다.

```
    2 3 . 7 ★
  −   ★ . 7 3 2
  ──────────────
    1 6 . 0 3 8
```
➡ 식에 알맞은 ★은 7이므로 성립이 안됨.

② ★이 3보다 크고 7보다 작을 때 가장 큰 소수 세 자리 수는 7.★32이고, 가장 작은 소수 두 자리 수는 23.★7입니다.

```
    2 3 . ★ 7
  −   7 . ★ 3 2
  ──────────────
    1 6 . 0 3 8
```
➡ ★에 알맞은 수는 4, 5, 6입니다.

③ ★이 2보다 작을 때 가장 큰 소수 세 자리 수는 7.32★이고, 가장 작은 소수 두 자리 수는 ★2.37입니다.

```
    ★ 2 . 3 7
  −   7 . 3 2 ★
  ──────────────
    1 6 . 0 8 3
```
➡ 조건에 맞는 ★의 값은 없습니다.

따라서 ★이 될 수 있는 수의 합은 ②에서 4+5+6=15입니다.

11 • 897435461＞89㉠629327에서

십만의 자리의 숫자가 4＜6이므로 백만의 자리 숫자는 7＞㉠입니다.

• 89㉠629327＞895528753에서
십만의 자리의 숫자가 6＜5이므로 백만의 자리 숫자 ㉠은 5 또는 6입니다.

• 895528753＞89552872㉡에서
㉡은 0부터 9까지 어느 숫자도 넣을 수 있습니다.

따라서 □ 안에 알맞은 숫자를 넣을 수 있는 방법은 모두 2×10=20(가지)입니다.

12 육각형을 만들기 위해서 8개의 점 중 6개의 점을 연결하면 2개의 점이 남게 됩니다.

8개의 점 중에서 2개의 점을 선택하는 방법은 (8×7)÷2=28(가지)입니다.

따라서 8개의 점 중 6개의 점을 연결하여 육각형은 모두 28개를 만들 수 있습니다.

13

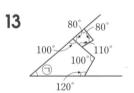

사각형의 내각의 합은 360°이므로
(각 ㉠)=360°−(100°+100°+120°)=40°입니다.

별해

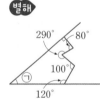

(n각형의 내각의 합)
=180°×(n−2)이므로
(육각형의 내각의 합)
=180°×(6−2)=720°입니다.

(각 ㉠)+90°+80°+290°+100°+120°=720°
(각 ㉠)=40°

14 ① 와 같이 5번 돌린 모양은 모양으로 1번 돌린 것과 같으므로 돌리기 전의 모양은

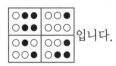

입니다.

② 왼쪽으로 3번 뒤집은 모양은 왼쪽으로 1번 뒤집은 모양과 같으므로 뒤집기 하기 전 모양은

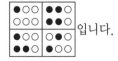

입니다.

③ 와 같이 3번 돌린 모양은 와 같이 1번 돌린 모양과 같으므로 돌리기 전의 모양은

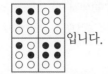

입니다.

④ 오른쪽으로 5번 뒤집은 모양은 오른쪽으로 1번 뒤집은 모양과 같으므로 뒤집기 전의 모양은

입니다.

따라서 처음 모양에서 나타난 수의 합은
1+4+7+9=21입니다.

16

2	0	3	8	7	… ①
7	5	4	6	3	… ②
15	1	13	49		… ③

③번 줄은 ①×②+1에 의해서 만들어지므로
7×3+1=22입니다.

17 규칙에 따라 만들어지는 도형에서 둘레의 규칙을 알아보면

첫 번째 : 4×4=4×(4×1)
두 번째 : 4×8=4×(4×2)
세 번째 : 4×12=4×(4×3)
⋮
□번째 : 4×(4×□)이므로
4×(4×□)=144, □=9
따라서 9번째 그림은 다음과 같습니다.

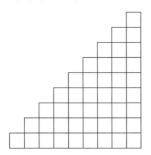

위 그림에서 찾을 수 있는 한 변이 12 cm인 정사각형의 개수는 1+2+3+4+5=15(개)입니다.

18 ① 6개씩 무게를 잰 후 무거운 쪽 6개를 택합니다.

② 무거운 쪽 6개를 3개씩 나누어 무게를 잽니다.
③ 무거운 쪽 3개 중 2개를 선택해서 무게를 잽니다.
④ ③에서 평형을 이루면 남은 하나가 무거운 공이고, 평형을 이루지 않으면 기우는 쪽이 무거운 공입니다.

별해
① 먼저 4개씩 양쪽에 놓고 잽니다.
② 무거운 쪽 4개를 2개씩 나누어 잽니다. (처음에 평형을 이루었다면 달지 않은 4개를 사용합니다.)
③ 무거운 쪽 2개를 1개씩 재어 기우는 쪽이 무거운 공입니다.

19  ➡ 3개짜리를 한 번씩 끊어서 분리시킨 후 이것을 이용하여 그림과 같이 연결합니다.
3번 끊고 3번 이었으므로,
300×3+2000×3=6900(원)입니다.

20 만약에 갑역에서 을역까지 1시간 거리라면,

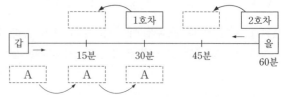

을역에서 출발한 1호차와 2호차는 15분 후에 한 칸씩 이동합니다. 이때 15분 후에 A와 1호차가 만나고 다시 15분 후에 A와 2호차가 만납니다. 이와 같이 2시간 거리일 경우는 15분, 30분, 45분, 60분, 75분, 90분, 105분 지점에서 한 번씩 만나므로 7대와 만납니다.

21 ① C에 오는 경우 : 효근이가 2 또는 6, 석기가 1 또는 5의 눈이 나온 경우이므로
(2, 1), (2, 5), (6, 1), (6, 5)
② D에 오는 경우 : 효근이가 3, 석기가 2 또는 6의 눈이 나온 경우이므로 (3, 2), (3, 6)
③ A에 오는 경우 : 효근이가 4, 석기가 3의 눈이 나온 경우이므로 (4, 3)
④ B에 오는 경우 : 효근이가 1 또는 5, 석기가 4의 눈이 나온 경우이므로 (1, 4), (5, 4)
①, ②, ③, ④에 의해서 모두 9가지입니다.

22

직선의 수(개)	1	2	3	4	5
면의 수(개)	2	4	7	11	16

+2 +3 +4 +5

23

첫 번째   두 번째   세 번째

검은색
  검은색(○)
    검은색(○)
    빨간색(○)
  빨간색(×)
    검은색(○)
    빨간색(○)

빨간색
  검은색(×)
    검은색(○)
    빨간색(○)
  빨간색(○)
    검은색(○)
    빨간색(○)

반드시 같은 색 양말을 신기 위해서는 최소한 세 짝을 꺼내 보아야 한 켤레를 맞추어 신을 수 있습니다.

24

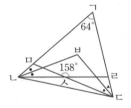

(각 ㅁㅅㄹ)=(각 ㄴㅅㄷ)=158°
삼각형 ㅅㄴㄷ에서
(각 ㅅㄴㄷ)+(각 ㅅㄷㄴ)=180°-158°=22°
(●+▲)×2=180°-64°-22°=94°
●+▲=94°÷2=47°
따라서 (각 ㄴㅂㄷ)=180°-22°-47°=111°입니다.

25

제9회 예 상 문 제   71~78

1 올해 : 3750마리, 작년 : 1250마리

2 52명   **3** 23개

4 112   **5** 6명

6 54개   **7** ㉠ : 7, ㉡ : 112

8 504   **9** 70분

10 50°   **11** 20개

12 18그루   **13** 37명

14 1458   **15** 6가지

16 33   **17** 1일부터 7일까지

18 300, 300, 7, 7, 89951   **19** 45개

20 2013   **21** 20개

22 233가지   **23** 68개

24 풀이 참조, 1시 10분   **25** 12쌍

1

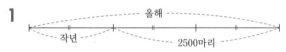

(작년의 돼지 수)=2500÷2=1250(마리)
(올해의 돼지 수)=1250×3=3750(마리)

2 6명씩 앉을 때는 14명이 더 앉을 수 있고, 4명씩 앉을 때는 8명이 앉을 수 없으므로 남고 부족함을 이용하여 문제를 해결합니다.
(의자 수)=(14+8)÷(6-4)=11(개)
(학생 수)=4×11+8=52(명)

3 $4\frac{7}{30}=\frac{127}{30}$이므로 두 개의 분수의 차가 $\frac{127}{30}$인 뺄셈 식을 만들면 $\frac{128}{30}-\frac{1}{30}$, $\frac{129}{30}-\frac{2}{30}$, $\cdots$, $\frac{150}{30}-\frac{23}{30}$ 으로 23개입니다.

4 나머지는 나누는 수보다 작아야 하므로 나머지는 1부터 26까지 가능합니다. 나누어지는 수는 세 자리 수이므로
(가장 작은 수)=4×27+4=112
(두 번째 작은 수)=5×27+5=140
(세 번째 작은 수)=6×27+6=168
⋮
(10번째 작은 수)=13×27+13=364

(가장 큰 수)$=26 \times 27+26=728$

(두 번째 큰 수)$=25 \times 27+25=700$

(세 번째 큰 수)$=24 \times 27+24=672$

$\vdots$

(10번째 큰 수)$=17 \times 27+17=476$

따라서 10번째 큰 수와 10번째 작은 수의 차는

$476-364=112$입니다.

5 20점은 1번만 맞힌 경우이고, 30점은 2번만 맞힌 경우입니다.

50점은 1번과 2번을 맞힌 경우와 3번만 맞힌 경우에 해당합니다.

70점은 1번과 3번, 80점은 2번과 3번, 100점은 1번, 2번, 3번 문제를 모두 맞힌 경우입니다.

두 문제만 맞힌 학생 수가 18명이므로

$18-(8+5)=5$(명)으로 이것은 50점을 받은 학생 수 중에서 1번과 2번을 맞힌 학생 수입니다.

3번만 맞힌 학생 수를 □명이라 하면

$(20 \times 10)+(30 \times 7)+(50 \times □)$

$=(50 \times 5)+(70 \times 8)+(80 \times 5)+(100 \times 3)-800$

$50 \times □=710-410=300$, $□=6$

따라서 3번만 맞힌 학생은 6명입니다.

6 910, 901 ➡ 2개

820, 811, 802 ➡ 3개

730, 721, 712, 703 ➡ 4개

640, 631, 622, 613, 604 ➡ 5개

$\vdots$

190, 181, 172, 163, 154, 145, 136, 127, 118, 109

➡ 10개

따라서 $2+3+4+5+\cdots+10=54$(개)입니다.

7 $1792=16 \times 16 \times 7$로 나타낼 수 있으므로

$\dfrac{1}{1792}=\dfrac{1}{16 \times 16 \times 7}=\dfrac{ㄱ}{16 \times 16 \times 7 \times ㄱ}=\dfrac{ㄱ}{ㄴ \times ㄴ}$

ㄱ과 ㄴ이 가장 작은 경우는 ㄱ이 7이고, ㄴ이

$16 \times 7=112$입니다.

8 • 45로 나눌 때 나머지는 45보다 작고, 나머지의 각 자리의 숫자의 합이 11인 수는 38, 29입니다.

• 몫이 두 자리 수이므로 몫이 될 수 있는 수 중에서 가장 작은 수는 10이고 나머지가 있으므로 나누어지는 수는 $45 \times 10=450$보다 큰 수입니다.

• (가장 작은 수 찾기)－각 자리의 숫자의 합이 20인 수

$450+29=479$ (○)

$450+38=488$ (×)

• (가장 큰 수 찾기)

$45 \times 21+38=983$ (○)

$45 \times 21+29=974$ (×)

따라서 가장 큰 수와 가장 작은 수의 차는

$983-479=504$입니다.

9 (큰 눈금 한 칸의 각의 크기)$=360 \div 12=30°$이므로 짧은바늘은 60분 동안 $30°$를 움직입니다.

① 운동을 시작한 시각의 시침은 시계의 큰 눈금으로부터 $15°$ 돌아가 있으므로 30분을 움직인 것이고 이 때의 시각은 2시 30분입니다.

② 운동을 끝낸 시각의 시침은 시계의 큰 눈금으로부터 $20°$ 돌아가 있으므로 40분을 움직인 것이고 이때의 시각은 3시 40분입니다

따라서 유승이가 운동을 한 시간은

3시 40분－2시 30분$=70$분입니다.

10 사각형 ㄱㄴㄷㅁ은 평행사변형이므로

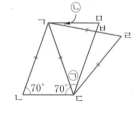

(각 ㄴㄷㅁ)

$=180°-70°=110°$이고,

(각 ㄱ)$=110°-70°=40°$

입니다.

(각 ㅁㄷㄷ)$=70°$이고 삼각형 ㄱㄷㄹ이 정삼각형이므로 (각 ㄷㄹㄱ)$=60°$이고, (각 ㄴ)$=70°-60°=10°$

입니다.

따라서 (각 ㄱ)＋(각 ㄴ)$=40°+10°=50°$입니다.

11

이등변삼각형은 위의 그림과 같이 5가지의 모양이 생기고 각각의 경우에 4개씩 있으므로

모두 $5 \times 4=20$(개)가 생깁니다.

12 될 수 있는 한 적게 심으려면 36과 45를 모두 나누어떨어지게 하는 수 중 가장 큰 수의 간격으로 나무를 심습니다. 따라서 1, 3, 9에서 9 m입니다.

9 m 간격으로 한 그루씩 심으므로

$\{(36+45) \times 2\} \div 9=18$(그루)가 필요합니다.

13 (14장씩 받은 어린이의 수)
$=(500-10)\div14=35$(명)
(전체 어린이의 수)$=35+2=37$(명)

14 $10=7+2+1 \Rightarrow 7\times2\times1=14$
$10=4+4+2 \Rightarrow 4\times4\times2=32$
$10=4+3+3 \Rightarrow 4\times3\times3=36$
$10=2+2+2+2+2 \Rightarrow 2\times2\times2\times2\times2=32$
위에서 알 수 있듯이 곱하는 수들의 크기가 비슷할수록 그 수들의 곱이 커지고, 3의 개수가 많을수록 곱은 커집니다.
$20 \Rightarrow 2\times2\times\cdots\times2\times2=1024$
$20 \Rightarrow 3\times3\times3\times3\times3\times3\times2=1458$
$20 \Rightarrow 4\times4\times4\times4\times4=1024$
$20 \Rightarrow 5\times5\times5\times5=625$
$20 \Rightarrow 6\times6\times6\times2=432$
따라서 가장 큰 곱은 3의 개수가 가장 많은 것으로 1458이다.

15 $3248㉠㉡㉢624-3248㉢㉠㉡624=378000$이므로
$㉢㉠㉡-㉠㉡㉢=378$입니다.

$$\begin{array}{r} ㉢㉠㉡ \\ -\ ㉠㉡㉢ \\ \hline 3\ 7\ 8 \end{array}$$

(1) 일의 자리 계산에서 ㉡$-$㉢$=8$이 되려면 ㉡$=8$, ㉢$=0$ 또는 ㉡$=9$, ㉢$=1$인데 백의 자리 계산에서 맞지 않습니다.
(2) ㉡$=7$, ㉢$=9$일 때 $957-579=378$입니다.
(3) ㉡$=6$, ㉢$=8$일 때 $846-468=378$입니다.
(4) ㉡$=5$, ㉢$=7$일 때 $735-357=378$입니다.
(5) ㉡$=4$, ㉢$=6$일 때 $624-246=378$입니다.
(6) ㉡$=3$, ㉢$=5$일 때 $513-135=378$입니다.
(7) ㉡$=2$, ㉢$=4$일 때 $402-024=378$입니다.
따라서 처음 수가 될 수 있는 경우는 모두 6가지입니다.

16 거꾸로 계산할 때, 중간 수들이 홀수인 경우는 1을 더하지만 짝수인 경우는 2배 하므로 처음 수가 가장 큰 홀수이려면 [홀수] → [짝수] → [짝수] → [짝수] → [짝수] → [짝수] → [1]입니다.
따라서 [33] → [32] → [16] → [8] → [4] → [2] → [1]입니다.

17 7월은 31일까지 있으므로 $31\div12=2\cdots7$입니다. 소

의 날이 3회 있으려면 나머지 7일 내에 소의 날이 한 번 있어야 하므로 첫 번째 소의 날이 될 수 있는 것은 1일부터 7일까지입니다.

18 $11\times9=(10+1)\times(10-1)=(10\times10)-(1\times1)$
$35\times25=(30+5)\times(30-5)=(30\times30)-(5\times5)$
$84\times76=(80+4)\times(80-4)=(80\times80)-(4\times4)$
$307\times293=(300+7)\times(300-7)$
$=(300\times300)-(7\times7)=89951$

19 삼각형 2개로 만든 평행사변형 : $6\times3=18$(개)
삼각형 4개로 만든 평행사변형 : $6\times3=18$(개)
삼각형 6개로 만든 평행사변형 : $2\times3=6$(개)
삼각형 8개로 만든 평행사변형 : $1\times3=3$(개)
따라서 크고 작은 평행사변형은
$18+18+6+3=45$(개)입니다.

20

3	6	12	21	33	
9	15	24	36		
18	27	39			
30	42				
45					

그림의 규칙처럼 숫자를 늘어놓은 것이고, 대각선의 수들은 다음과 같습니다.

3 15 39 75 123 183 243 291 327 351 363
 +12 +24 +36 +48 +60 +60 +48 +36 +24 +12

$\Rightarrow 3+15+39+\cdots+363=(3+363)\times11\div2$
$=2013$

21 (흰색 벽돌의 수)
$=1+2+3+\cdots+19=(1+19)\times19\div2=190$(개)
(검은색 벽돌의 수)
$=1+2+3+\cdots+20=(1+20)\times20\div2=210$(개)
따라서 $210-190=20$(개) 더 많습니다.

별해
각 층마다 검은색 벽돌이 흰색 벽돌보다 1개씩 많으므로 20층을 쌓으면 검은색 벽돌이 20개 더 많아집니다.

22

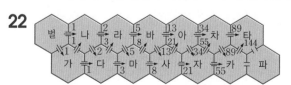

따라서 $89+144=233$(가지)입니다.

23

	+3	+4	+3	+4	+3	+4	
성냥개비의 개수	6	9	13	16	20	23	27	…
정삼각형의 개수	2	4	6	8	10	12	14	…

위의 표와 같이 성냥개비의 개수가 7개 늘어날 때마다
정삼각형의 개수는 4개씩 늘어납니다.
$(121-6) \div 7 = 16 \cdots 3$
➡ (정삼각형의 개수)

$$= 16 \times 4 + 2 + 2 = 68(개)$$
처음에 있던 정삼각형
나머지 3개의 성냥개비로 만든 정삼각형

24
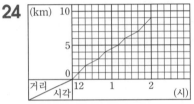

그림에서 가로로 한 칸 가는 데 10분, 세로로 한 칸 가
는 데 20분 걸립니다. 또, C지점은 A지점으로부터
5 km 떨어져 있으므로 세로의 눈금이 5일 때, 가로의
눈금은 1시 10분입니다.

25 일의 자리의 숫자가 2가 되는 경우는
1×2, 2×6, 3×4, 4×8, 6×7, 8×9
인 경우이므로 (A, B)는
(1, 12), (2, 11), (2, 16), (3, 14), (4, 13),
(4, 18), (6, 12), (6, 17), (7, 16), (8, 14),
(8, 19), (9, 18) ➡ 12쌍

---

1 25		**2** 42	
3 5명, 68살		**4** 16	
5 42105262			
6 15, 30, 45, 51, 45, 30, 15, 5, 1			
7 $1\frac{11}{100}$		**8** 39행 다열	
9 정이십일각형		**10** 9배	
11 12시 18분		**12** 990	
13 7분		**14** 610	
15 450000원		**16** 15000원	
17 25초		**18** 160 g	
19 80 g		**20** 540 L	
21 65		**22** 64°	
23 흰색, 15개		**24** 35개	
25 한초			

1
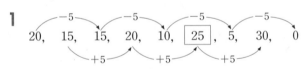
20, 15, 15, 20, 10, $\boxed{25}$, 5, 30, 0

2 가☆나$=2 \times$가$+$나
$11 ☆ 20 = 2 \times 11 + 20 = 42$

3 441000을 작은 수들의 곱으로 나타내면,
$441000 = 2 \times 2 \times 2 \times 3 \times 3 \times 5 \times 5 \times 5 \times 7 \times 7$
입니다.
10살부터 19살까지만 가능하므로
$(2 \times 7) \times (2 \times 7) \times (2 \times 5) \times (3 \times 5) \times (3 \times 5)$일
수 밖에 없습니다. 따라서 모임의 인원은 5명이고 나이
의 합은 $14 + 14 + 10 + 15 + 15 = 68$(살)입니다.

4 같은 수를 두 번 곱한 수는 홀수개의 수로 나누어떨어
집니다.
$1 \Rightarrow 1 \times 1 = 1 : 1(1개)$
$2 \Rightarrow 2 \times 2 = 4 : 1, 2, 4(3개)$
$3 \Rightarrow 3 \times 3 = 9 : 1, 3, 9(3개)$
$4 \Rightarrow 4 \times 4 = 16 : 1, 2, 4, 8, 16(5개)$
다섯 개의 수로 나누어떨어지는 가장 작은 수는 16입
니다.

5 천만의 자리 숫자가 4인 여덟 자리 수를
4㉠㉡㉢㉣㉤㉥㉦이라 하면
새로 만들어진 여덟 자리 수는
㉠㉡㉢㉣㉤㉥㉦8이 됩니다.
처음 수는 새로 만들어진 수를 2배 한 것보다 6 큰 수
이므로 ㉠㉡㉢㉣㉤㉥㉦8×2의 값에 6을 더한 수는
4㉠㉡㉢㉣㉤㉥㉦입니다.
㉠㉡㉢㉣㉤㉥㉦8×2에서 8×2=16이고 6을 더하면
16+6=22이므로 처음 수의 일의 자리 숫자는 2가 됩니
다. → ㉦=2
㉠㉡㉢㉣㉤㉥28×2에서 28×2=56이고 6을 더하면
56+6=62이므로 처음 수의 십의 자리 숫자는 6이 됩니
다. → ㉥=6
㉠㉡㉢㉣㉤628×2에서 628×2=1256이고 6을 더
하면 1256+6=1262이므로 처음 수의 백의 자리 숫
자는 2가 됩니다. → ㉤=2
㉠㉡㉢㉣2628×2에서 2628×2=5256이고 6을 더
하면 5256+6=5262이므로 처음 수의 천의 자리 숫
자는 5가 됩니다. → ㉣=5
㉠㉡㉢52628×2에서 52628×2=105256이고 6을
더하면 105256+6=105262이므로 처음 수의 만의
자리 숫자는 0이 됩니다. → ㉢=0
㉠㉡052628×2에서 52628×2=105256이고
6을 더하면 105256+6=105262이므로 처음 수의 십
만의 자리 숫자는 1이 됩니다. → ㉡=1
㉠1052628×2에서 1052628×2=2105256이고
6을 더하면 2105262이므로 처음 수의 백만의 자리 숫
자 ㉠은 2입니다.
따라서 21052628×2=42105256이고 6을 더하면
42105256+6=42105262이므로 처음 수는
42105262입니다.

6
$$\begin{bmatrix} 1 & 1 & 1 \\ 1 & 2 & ③ & 2 & 1 \end{bmatrix}$$ 일 때, 규칙은 아랫줄의 수는 바로 위의
수와 그 수 왼쪽의 두 수의 합입니다. ➡ 3=1+1+1
따라서 □ 안에 수는 1+4+10=15,
4+10+16=30, 10+16+19=45,
16+19+16=51, 19+16+10=45,
16+10+4=30, 10+4+1=15,
4+1=5, 1입니다.

7 $$\frac{111+222+333+\cdots+999}{100+200+300+\cdots+900}$$
$$=\frac{(111+999)\times9\div2}{(100+900)\times9\div2}=\frac{4995}{4500}=\frac{111}{100}\rightarrow1\frac{11}{100}$$

별해
$$\frac{111\times(1+2+3+\cdots+9)}{100\times(1+2+3+\cdots+9)}=\frac{111}{100}\rightarrow1\frac{11}{100}$$

8 269÷7=38…3이므로 39행 3번째 수입니다.
홀수행은 가열부터 시작되고 짝수행은 사열부터 시작되
므로 269는 39행이고 가열부터 3번째인 다열의 수입니다.

9 (대각선의 수)
　=(한 꼭짓점에서 그을 수 있는 대각선의 수)
　　×(꼭짓점의 수)÷2
　=(꼭짓점의 수−3)×(꼭짓점의 수)÷2
(꼭짓점의 수−3)×(꼭짓점의 수)=378에서
꼭짓점의 수가 21개이므로 정이십일각형입니다.

10 색칠한 직사각형에서
(가로의 길이)=43.2−(10.8+10.8+3.6+3.6)
　　　　　　　=14.4(cm)
(세로의 길이)=34.5−(4.9+4.9+6.6+6.6)
　　　　　　　=11.5(cm)
또한 14.4+14.4+14.4=43.2,
11.5+11.5+11.5=34.5이므로
직사각형 ㄱㄴㄷㄹ의 가로와 세로의 길이는 색칠한 직
사각형의 가로와 세로의 길이의 각각 3배씩이므로 넓
이는 9배입니다.

11 긴바늘은 1분에 6°씩 움직이고 짧은바늘은 1분에 0.5°
씩 움직이므로 1분에 5.5°씩 벌어집니다.
따라서 2분에 5.5+5.5=11°가 벌어지므로
99÷11×2=18(분)입니다.

12
(가장 큰 곱)	(두 번째로 큰 곱)

$$\begin{array}{r} 4\ 3\ 1\ 0 \\ \times\qquad 5\ 2 \\ \hline 2\ 2\ 4\ 1\ 2\ 0 \end{array}\qquad\begin{array}{r} 4\ 2\ 1\ 0 \\ \times\qquad 5\ 3 \\ \hline 2\ 2\ 3\ 1\ 3\ 0 \end{array}$$

따라서 가장 큰 곱과 두 번째로 큰 곱의 차는
224120−223130=990입니다.

13 화물 열차는 1분에 18000÷60=300(m)씩 움직이
므로 터널을 완전히 통과하는 데
(100+2000)÷300=7(분)이 걸립니다.

14 문제에 제시된 곱셈식에서 규칙을 알아보면

① $\begin{array}{r} 4 \\ \times\ 6 \\ \hline 24 \end{array}$ ② $\begin{array}{r} 14 \\ \times\ 16 \\ \hline 224 \end{array}$ ③ $\begin{array}{r} 24 \\ \times\ 26 \\ \hline 624 \end{array}$ ④ $\begin{array}{r} 34 \\ \times\ 36 \\ \hline 1224 \end{array}$

①에서 백의 자리의 숫자 ➡ $0 \times (0+1)=0$

②에서 백의 자리의 숫자 ➡ $1 \times (1+1)=2$

③에서 백의 자리의 숫자 ➡ $2 \times (2+1)=6$

④에서 천과 백의 자리의 숫자 ➡ $3 \times (3+1)=12$

따라서 두 수의 일의 자리 숫자의 합은 10이고, 두 수의 일의 자리의 숫자는 4와 6이므로 십의 자리 또는 백의 자리의 숫자는 같습니다.

$304 \times 306=93024$이므로

□＋★$=304+306=610$입니다.

15 (인원이 늘었을 때 1인당 부담 비용)

$=(7500 \times 20) \div 10=15000$(원)

(버스 1대를 빌리는 값)

$=15000 \times (20+10)=450000$(원)

16

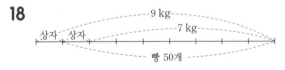

(처음에 가지고 있던 돈)

$=\{(1000 \times 4) \div 2 \times 5\} \div 2 \times 3=15000$(원)

17 (터널의 길이)$=34 \times 32-102=986$(m)

B 기차가 터널에 진입하기 시작해서 완전히 빠져나갈 때까지 걸린 시간은 $(986+64) \div 42=25$(초)입니다.

18

(상자만의 무게)$=(9-7) \div 2=1$(kg)

(빵 1개의 무게)$=(1000+7000) \div 50=160$(g)

19 25 g의 추를 매달 때 길이는 $21-16=5$(cm) 늘어났으므로 16 cm가 더 늘어나게 하려면

$(25 \div 5) \times 16=80$(g)의 추를 매달아야 합니다.

20 (눈금 한 칸의 크기)$=100 \div 5=20$(L)

4분부터 6분까지 2분 동안 샌 물의 양은 20 L이므로

이 물탱크에서 1분 동안 샌 물의 양은 10 L입니다. 따라서 8분 동안 받은 물의 양은 460 L이고 8분 동안 샌 물의 양은 80 L이므로 수도를 틀어서 나온 물의 양은 $460+80=540$(L)입니다.

21 ㉮, ㉯, ㉰, ㉱의 네 수의 합을 가장 크게하려면 A의 ㉮, ㉱가 B의 맨 아래 줄에 오도록 해야 합니다.

🕒 방향으로 3번 돌린 후 왼쪽으로 홀수 번 뒤집었을 때 A의 모양은 다음과 같습니다.

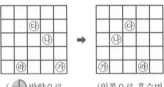

(🕒 방향으로   (왼쪽으로 홀수번
3번 돌린 모양)   뒤집은 모양)

따라서 가장 큰 네 수의 합은 $21+12+8+24=65$ 입니다.

22 (선분 ㄱㄴ)=(선분 ㄴㄷ)=(선분 ㄷㄹ)=(선분 ㄹㅁ) 이므로 삼각형 ㄴㄱㄷ, 삼각형 ㄷㄴㄹ, 삼각형 ㄹㄷㅁ 은 이등변삼각형입니다.

(각 ㄴㄷㄱ)=(각 ㄴㄱㄷ)$=16°$에서

(각 ㄷㄴㄹ)$=16°+16°=32°$

(각 ㄴㄷㄹ)=(각 ㄷㄴㄹ)$=32°$에서

(각 ㄹㄷㅁ)$=32°+16°=48°$

(각 ㄹㅁㄷ)=(각 ㄹㄷㅁ)$=48°$에서

(각 ㅁㄹㅂ)$=16°+48°=64°$

23 짝수 번 째에는 검은색 돌이 더 많고, 홀수 번 째에는 흰색 돌이 더 많습니다.

	첫 번째	두 번째	세 번째	…	15번째
개수의 차	1	2	3	…	15

따라서 15번째에는 흰색 돌이 15개 더 많습니다.

24 삼각형 1개짜리 : 10개

삼각형 2개짜리 : 10개

삼각형 3개짜리 : 5개

(삼각형 2개＋오각형 1개)짜리 : 5개

(삼각형 4개＋오각형 1개)짜리 : 5개

따라서 삼각형은 모두 $10+10+5+5+5=35$(개) 입니다.

25 규칙은 손에 있는 두 수의 합에서 머리에 있는 수를 빼

면 발에 있는 두 수의 합과 같은 것입니다. 한초는
$15+8-2=21$과 $9+0=9$가 다르므로 규칙에 맞지
않습니다.

제11회 예 상 문 제 **87~94**

1 54	**2** 218, 98
3 1	**4** 69
5 639쪽	**6** 99개
7 184	**8** 5555
9 $30°$	**10** $30°$
11 $24\frac{9}{13}$	**12** 25개
13 $45°$	**14** 2
15 10살, 12살, 14살	**16** 0.49
17 600일	**18** 11시 51분 40초
19 11쌍	
20 학생 수 : 253명, 의자 수 : 50개	
21 275개	**22** 12분
23 612명	**24** 70.7
25 108가지	

1 $A\div B=23\cdots18 \Rightarrow A=B\times23+18$
$A+B=1314 \Rightarrow B\times23+18+B=1314$
$\Rightarrow B=(1314-18)\div24=54$

2 158과 어떤 수를 각각 1000배 하여 두 수의 차가
60000이 되려면 158과 어떤 수의 차가 60이 되어야
합니다.
어떤 수가 158보다 클 때 :
$\square-158=60$, $\square=218$
어떤 수가 158보다 작을 때 :
$158-\square=60$, $\square=98$
따라서 218, 98입니다.

3 1을 제외한 수들을 4개씩 묶으면 일정한 규칙을 찾을
수 있습니다.
$2-3-4+5=0$

$6-7-8+9=0$
$1994-1995-1996+1997=0$
$1998-1999-2000+2001=0$
따라서 $1+0+0+\cdots+0=1$입니다.

4 $A>B>C>D$일 때,
$A+B+C=191$, $A+B+D=189$
$A+C+D=185$, $B+C+D=179$
$A+B+C+D$
$=(191+189+185+179)\div3=248$
따라서 $A=248-179=69$입니다.

5 사용된 숫자의 개수는
한 자리 수 : 1, 2, $\cdots$, 8, 9 ➡ 9개
두 자리 수 : 10, 11, $\cdots$, 98, 99 ➡ $2\times90=180$(개)
세 자리 수 : $1809-189=1620$(개)
따라서 세 자리 수인 쪽수는 $1620\div3=540$(쪽)이므
로 책의 마지막 쪽수는 $9+90+540=639$(쪽)입니다.

6 두 자리 수 : 11, 22, $\cdots$, 88, 99 ➡ 9개
세 자리 수 : 101, 111, $\cdots$, 181, 191 ➡ 10개
202, 212, $\cdots$, 282, 292 ➡ 10개
$\vdots$
909, 919, $\cdots$, 989, 999 ➡ 10개
따라서 순서를 바꾸어도 같은 수가 되는 수는
$9+10\times9=99$(개)입니다.

7 두 자리 수에서 같은 숫자가 들어 있는 자연수의 개수
는 11, 22, 33, $\cdots$, 99로 9개이므로
1부터 99까지 같은 숫자가 들어 있지 않은 자연수는
$99-9=90$(개)
$100\sim109$ ➡ $10-2=8$(개) : 100과 101 제외
$110\sim119$ ➡ 0개
$120\sim129$ ➡ $10-2=8$(개) : 121과 122 제외
$130\sim139$ ➡ $10-2=8$(개) : 131과 133 제외
$140\sim149$ ➡ $10-2=8$(개) : 141과 144 제외
$150\sim159$ ➡ $10-2=8$(개) : 151과 155 제외
$160\sim169$ ➡ $10-2=8$(개) : 161과 166 제외
$170\sim179$ ➡ $10-2=8$(개) : 171과 177 제외
따라서 $150-(90+8\times7)=4$이므로
180, 182, 183, 184에서 184입니다.

8 $\bigcirc\bigcirc\bigcirc\bigcirc\div78=\square\triangle\cdots17$에서 검산식을 이용하면

○○○○＝78×□△＋17입니다.

몫 □△의 각 자리의 숫자의 합이 8이므로 이러한 경우 몫은 80, 71, 62, 53, 44, 35, 26, 17입니다.

따라서 이 중 각 자리의 숫자가 똑같이 나오는 경우는 71일 때이므로

○○○○＝78×71＋17＝5555입니다.

9

(각 ㉡)＝(각 ㉠)＋20°

(각 ㉢)＝45°＋65°
$\qquad$＝110°

따라서 (각 ㉠)＋20°＋110°＋20°＝180°,

(각 ㉠)＝30°입니다.

10 (변 ㄴㄹ)＝(변 ㄹㅅ)이므로 삼각형 ㄹㄴㅅ은 이등변 삼각형입니다.

(각 ㄴㄹㅅ)＝60°＋90°＝150°이므로

(각 ㄹㅅㄴ)＝(180°－150°)÷2＝15°입니다.

따라서 ㉠＝90°－15°＝75°입니다.

사각형 ㅇㅁㅂㅅ의 네 각의 크기의 합은 360°이므로

㉡＝360°－90°－90°－75°＝105°입니다.

따라서 ㉠과 ㉡의 각의 크기의 차는

105°－75°＝30°입니다.

11 $2=1\frac{2}{2}$, $3=2\frac{3}{3}$, $4=3\frac{4}{4}$임을 이용하여 분모가 같은 분수끼리 묶어봅니다.

$1, \left(1\frac{1}{2}, 2\right), \left(2\frac{1}{3}, 2\frac{2}{3}, 3\right), \left(3\frac{1}{4}, 3\frac{2}{4}, 3\frac{3}{4}, 4\right), \cdots$

수의 개수가 1개, 2개, 3개, 4개, …이고

$1＋2＋3＋\cdots＋10＋11＋12＝78$이므로

80번째 분수는 분모가 13인 분수 중 2번째 분수로

$12\frac{2}{13}$이고 85번째 분수는 $12\frac{2+5}{13}＝12\frac{7}{13}$입니다.

따라서 두 분수의 합은 $12\frac{2}{13}＋12\frac{7}{13}＝24\frac{9}{13}$입니다.

12 삼각형 2개로 된 평행사변형의 개수 : 3개

삼각형 4개로 된 평행사변형의 개수 :

4＋6＝10(개)

삼각형 8개로 된 평행사변형의 개수 :

3＋4＝7(개)

삼각형 12개로 된 평행사변형의 개수 :

2＋2＝4(개)

삼각형 16개로 된 평행사변형의 개수 : 1개

따라서 3＋10＋7＋4＋1＝25(개) 있습니다.

13
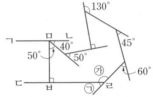

선분 ㄱㄴ과 선분 ㄷㄹ이 평행하므로 선분 ㅁㅂ의 보조선을 그으면 팔각형이 만들어집니다.

팔각형의 각의 크기의 합은 (8－2)×180°＝1080° 이므로 각 ㉮의 크기는

1080°－(50°＋230°＋270°＋50°＋135°＋120°＋90°)
＝135°입니다.

따라서 각 ㉠의 크기는 180°－135°＝45°입니다.

14 2×●＋㉠＝2×▲에서 ㉠＝2×▲－2×●

●＋㉡＝▲에서 ㉡＝▲－●

따라서 ㉠÷㉡＝(2×▲－2×●)÷(▲－●)
$\qquad$＝2×(▲－●)÷(▲－●)
$\qquad$＝2

15 1680을 1을 제외한 작은 수들의 곱으로 나타내면

2×2×2×2×3×5×7이 되므로 이것을 일정한 간격의 세 수의 곱으로 나타내면

(2×5)×(2×2×3)×(2×7)＝10×12×14가 되어 삼 형제의 나이는 각각 10살, 12살, 14살입니다.

16 6<㉠<6.5이고, ㉠＝㉡＋2.769이므로

6<㉡＋2.769<6.5입니다.

따라서 6－2.769<㉡<6.5－2.769에서

3.231<㉡<3.731이므로 가장 큰 ㉡은 3.73이고

가장 작은 ㉡은 3.24입니다.

그러므로 두 소수의 차는 3.73－3.24＝0.49입니다.

17 나의 시계와 친구의 시계는 1시간마다 3초씩 차이가 납니다.

같은 시각을 가리키려면 12시간 차이가 나야 하므로

12×60×60÷(2＋3)＝14400(시간) 후입니다.

따라서 14400÷24＝600(일) 후입니다.

18 5월 5일 정오부터 5월 10일 정오까지는 5일간

입니다. 하루에 $3\frac{2}{3}$분씩 늦어지므로 5일 후에는

$3\dfrac{2}{3}+3\dfrac{2}{3}+3\dfrac{2}{3}+3\dfrac{2}{3}+3\dfrac{2}{3}=18\dfrac{1}{3}$(분)이 늦어지며

5월 5일 정오에 10분 빠르게 맞추어 놓았으므로 정확

한 시계보다 $18\dfrac{1}{3}-10=8\dfrac{1}{3}$(분)이 늦어집니다.

따라서 12시$-8\dfrac{1}{3}$분$=$11시 $51\dfrac{2}{3}$분

$=$11시 51분 40초를 가리킵니다.

19 96을 나누어떨어지게 하는 두 자리 수는 48, 32, 24, 16, 12입니다.

이 수 중 8로 나누어떨어지는 수는 48, 32, 24, 16입니다.

① ㉮가 48일 때 ㉯가 될 수 있는 수는 2, 4, 16, 24이므로 (㉮, ㉯) ➡ (48, 2), (48, 4), (48, 16), (48, 24) ➡ 4쌍

② ㉮가 32일 때 ㉯가 될 수 있는 수는 2, 4, 16이므로 (㉮, ㉯) ➡ (32, 2), (32, 4), (32, 16) ➡ 3쌍

③ ㉮가 24일 때 ㉯가 될 수 있는 수는 2, 4이므로 (㉮, ㉯) ➡ (24, 2), (24, 4) ➡ 2쌍

④ ㉮가 16일 때 ㉯가 될 수 있는 수는 2, 4이므로 (㉮, ㉯) ➡ (16, 2), (16, 4) ➡ 2쌍

따라서 구하는 (㉮, ㉯)는 모두 11쌍입니다.

20 6명씩 앉았을 때 더 앉을 수 있는 사람 수는 $7\times6+5=47$(명)이고, 4명씩 앉았을 때 남은 사람 수는 53명입니다.

따라서 의자 수는 $(53+47)\div(6-4)=50$(개), 학생 수는 $50\times4+53=253$(명)입니다.

별해

의자 수를 □개라 하면 학생 수는

$(□-7)\times6-5$이고, $□\times4+53$이므로

$(□-7)\times6-5=□\times4+53$

$6\times□-42-5=□\times4+53$

$□\times2=53+5+42$

$□=50$

따라서 학생 수는 253명, 의자 수는 50개입니다.

21 바둑돌은 6열씩 규칙적으로 놓여 있습니다. 150열은 6열씩 묶었을 때 25묶음이며 한 묶음 안에 흰색 바둑돌의 개수는 11개씩 있으므로 흰색 바둑돌의 총 개수는 $11\times25=275$(개)입니다.

22 짧은 양초는 1분 동안에 $9\div18=0.5$(cm)씩 타고, 긴 양초는 1분 동안에 $21\div14=1.5$(cm)씩 타므로 긴 양초와 짧은 양초의 길이의 차는 1분마다 1 cm씩 줄어듭니다.

따라서 남은 양초의 길이가 같아지는 때는 $(21-9)\div(1.5-0.5)=12$(분) 후입니다.

23 (어른의 수)

$=(2730000-12\times2500)\div(4000+2500\times2)$

$=300$(명)

(어린이의 수)$=300\times2+12=612$(명)

24 계산 결과의 소수 둘째 자리 숫자가 2이므로 맨 끝자리의 숫자의 합이 2가 되는 경우를 찾아보면

$(3244+2828)$, $(3625+2537)$,

$(3625+4249+2828)$입니다.

$(3244, 2828)$ 또는 $(3625, 2537)$이 소수 두 자리 수이고, 나머지 세 수가 소수 한 자리 수이면 세 수의 합이 685.12보다 커집니다.

따라서 소수 두 자리의 수는 36.25, 42.49, 28.28입니다.

$36.25+324.4+42.49+28.28+253.7=685.12$이므로 5개의 수 중 가장 큰 수는 324.4이고 두 번째로 큰 수는 253.7이므로 두 수의 차는

$324.4-253.7=70.7$입니다.

25

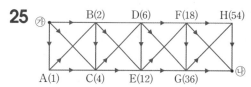

A까지 가는 방법 : 1가지

B까지 가는 방법 : $1+1=2$(가지)

C까지 가는 방법 : $1+1+2=4$(가지)

D까지 가는 방법 : $2+4=6$(가지)

E까지 가는 방법 : $2+4+6=12$(가지)

F까지 가는 방법 : $6+12=18$(가지)

G까지 가는 방법 : $6+12+18=36$(가지)

H까지 가는 방법 : $18+36=54$(가지)

㉯까지 가는 방법 : $18+36+54=108$(가지)

제12회 예 상 문 제 95~102

1 9943	**2** 8
3 112	**4** 15개
5 $3\frac{5}{11}$	
6 4, 5, 8, 8, 0, 3, 0, 1, 4, 5, 5	
7 310원	**8** 86개
9 32개	**10** 60°
11 45°	
12 ㉠ : 125°, ㉡ : 115°	**13** 10개
14 100 m	**15** 222
16 96 km	**17** 14분 30초
18 964	**19** 22개
20 64 cm	**21** 110
22 5분	**23** 빨간 양초, $1\frac{5}{6}$ cm
24 흰색, 39개	**25** 11가지

1 가장 큰 네 자리 수는 9999이므로
9999÷88＝113…55,
몫과 나머지의 합은 113＋55＝168입니다.
하지만 88로 나눌 때, 가장 큰 나머지는 87이므로 몫이
112, 나머지가 87일 때 몫과 나머지의 합이
112＋87＝199로 가장 큽니다.
따라서 네 자리 수는 88×112＋87＝9943입니다.

2 ① 2, 2×2＝4, 4×2＝8, 8×2＝16, …
2를 곱할 때마다 일의 자리의 숫자는 2, 4, 8, 6이
반복됩니다. 2를 101번 곱하면
101÷4＝25…1이므로 일의 자리의 숫자는 2입니다.
② 3, 3×3＝9, 9×3＝27, 27×3＝81, …
3을 곱할 때마다 일의 자리의 숫자는 3, 9, 7, 1이
반복됩니다. 3을 103번 곱하면
103÷4＝25…3이므로 일의 자리의 숫자는 7입니다.
③ 7, 7×7＝49, 49×7＝343, 343×7＝2401, …
7을 곱할 때마다 일의 자리의 숫자는 7, 9, 3, 1이
반복됩니다. 7을 105번 곱하면
105÷4＝26…1이므로 일의 자리의 숫자는 7입니다.

따라서 2×7×7＝98이므로 일의 자리의 숫자는 8입니다.

3 (자연수 부분의 합)＝(1＋14)×14÷2＝105
(분수의 분자의 합)＝(1＋14)×14÷2＝105
(분수들의 합)＝$105\frac{105}{15}$＝112

4 ① 숫자 카드 2장을 사용하는 경우
2×8＝16, 4×8＝32, 2＋8＝10, 4＋8＝12 (4가지)
② 숫자 카드 3장과 기호 카드 1장을 사용하는 경우
24＋8＝32, 42＋8＝50, 82＋4＝86
24－8＝16, 28－4＝24, 42－8＝34
48－2＝46, 82－4＝78, 84－2＝82
48÷2＝24, 84÷2＝42, 48×2＝96
③ 숫자 카드 3장과 기호 카드 2장을 사용하는 경우
(＋, － 사용) ➡ 4＋8－2＝10
(＋, × 사용) ➡ 2＋4×8＝34, 2×4＋8＝16,
2×8＋4＝20
(＋, ÷ 사용) ➡ 4÷2＋8＝10
(－, × 사용) ➡ 2×8－4＝12, 4×8－2＝30
(×, ÷ 사용) ➡ 4÷2×8＝16, 8÷2×4＝16
따라서 만들 수 있는 서로 다른 두 자리 수는 10, 12,
16, 20, 24, 30, 32, 34, 42, 46, 50, 78, 82, 86, 96
으로 모두 15개입니다.

5 주어진 조건을 수직선으로 나타내면 다음과 같습니다.

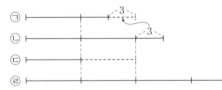

㉡에서 3을 떼어 ㉠에 붙이면 ㉠, ㉡, ㉢, ㉣의 합은
㉢×9임을 알 수 있습니다.
㉢＝63÷9＝7, ㉣＝7×4＝28, ㉠＝7×2－3＝11,
㉡＝7×2＋3＝17
따라서
$\frac{㉡}{㉠}-\frac{㉢}{11}+\frac{㉣}{11}=\frac{17}{11}-\frac{7}{11}+\frac{28}{11}$
$=\frac{38}{11}=3\frac{5}{11}$
입니다.

6

$$\begin{array}{r}
\boxed{ㄱ}\;1\;\boxed{ㄴ} \\
\times\;3\;\boxed{ㄷ}\;2 \\
\hline
\boxed{ㄹ}\;3\;\boxed{ㅁ} \\
3\;\boxed{ㅂ}\;2\;\boxed{ㅅ}\;\; \\
\boxed{ㅇ}\;2\;\boxed{ㅈ}\;5\;\;\;\; \\
\hline
1\;\boxed{ㅊ}\;8\;\boxed{ㅋ}\;3\;0
\end{array}$$

$\boxed{ㅇ}=1$, $\boxed{ㅁ}=0$, $\boxed{ㅅ}=0$이며 3과 $\boxed{ㄴ}$의 곱의 일의 자리의 숫자가 5가 되려면 $\boxed{ㄴ}$은 5가 되어야 합니다.

$\boxed{ㄱ}$15와 3의 곱에서 $\boxed{ㅈ}$은 4이고, $\boxed{ㄱ}$도 4입니다.

$415 \times \boxed{ㄷ}=3\boxed{ㅂ}20$이므로 $\boxed{ㄷ}=8$, $\boxed{ㅂ}=3$입니다.

따라서 $415 \times 382 = 158530$이므로

$\boxed{ㄹ}=8$, $\boxed{ㅋ}=5$, $\boxed{ㅊ}=5$입니다.

7 (최고 가격)$=58000\div13=4461\cdots7$ (4460원)

(최저 가격)$=58000\div14=4142\cdots12$ (4150원)

따라서 최고 가격과 최저 가격의 차는

$4460-4150=310$(원)입니다.

8 성냥개비 40개로 만든 모양은 다음과 같습니다.

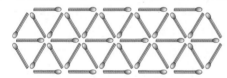

① 삼각형 2개로 만든 평행사변형의 개수 :

$10\times2+6=26$(개)

② 삼각형 4개로 만든 평행사변형의 개수 :

$8\times2+4\times2=24$(개)

③ 삼각형 6개로 만든 평행사변형의 개수 :

$6\times2=12$(개)

④ 삼각형 8개로 만든 평행사변형의 개수 :

$4\times2+3\times2=14$(개)

⑤ 삼각형 10개로 만든 평행사변형의 개수 :

$2\times2=4$(개)

⑥ 삼각형 12개로 만든 평행사변형의 개수 :

$2\times2=4$(개)

⑦ 삼각형 16개로 만든 평행사변형의 개수 :

$1\times2=2$(개)

따라서 ①~⑦에 의해 만들 수 있는 평행사변형은 모두

$26+24+12+14+4+4+2=86$(개)입니다.

9 삼각형 1개짜리 : 19개

삼각형 4개짜리 : 10개

삼각형 9개짜리 : 3개

따라서 $19+10+3=32$(개)입니다.

10 한 각의 크기는

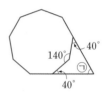

$180°\times(9-2)\div9=140°$

(각 ㉠)$=360°-(40°+40°$

$+360°-140°)=60°$

11 삼각형 ㅁㄷㄹ은 이등변삼각형이고 각 ㅁㄷㄹ은 30°이므로 각 ㄹㅁㄷ은 $(180°-30°)\div2=75°$입니다.

따라서 각 ㅂㅁㄴ은 $180°-(60°+75°)=45°$입니다.

12

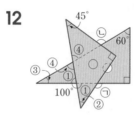

(각 ①)$=80°$, (각 ②)$=45°$이므로

(각 ㉠)$=$(각 ①)$+$(각 ②)$=80°+45°=125°$

(각 ③)$=30°$, (각 ④)$=70°$이므로

(각 ㉡)$=45°+$(각 ④)$=45°+70°=115°$

13 오른쪽 그림에서 선분 ㄱㄴ과 선분 ㄷㄹ을 연장하여 만나는 점을 점 ㅁ이라고 하고 각 ㄱㅁㄹ의 크기를 구하면

$180°-(72°+72°)=36°$이므로 사다리꼴을 그림과 같이 늘어놓으려면

$360°\div36°=10$(개)가 필요합니다.

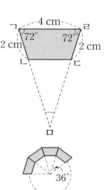

14 동생은 $1000\,\mathrm{m}$를 달리는 데 4분 24초 걸리므로 형이 동시에 결승선에 도착하려면 4분 24초 걸리는 거리에 있어야 합니다.

4분에 $1000\,\mathrm{m}$를 달리므로 1분에는 $250\,\mathrm{m}$를 달립니다.

따라서 형이 24초에 갈 수 있는 거리는

$250\times\dfrac{24}{60}=100\,(\mathrm{m})$입니다.

15 처음에 일정하게 넣은 물의 양은 $200 \div 40 = 5(\text{L})$입니다.

$\bigcirc = 200 - (8 - 5) \times 20 = 140$

$\bigcirc\!\!\!\bigcirc = 40 + 20 + (250 - 140) \div 5 = 82$

따라서 $\bigcirc + \bigcirc\!\!\!\bigcirc = 140 + 82 = 222$입니다.

16 열차가 18초 동안에 간 거리는 $208 + 272 = 480(\text{m})$이고, 1시간$=60$분$=3600$초이므로 열차는 한 시간에 $(3600 \div 18) \times 480 = 96000(\text{m})$ ➡ 96 km를 달리는 빠르기입니다.

17 30명이 모두 돌아가면서 악수를 하려면 각 사람마다 29번을 해야 합니다. 한 번 하는 데 30초 걸리므로 모두 $30 \times 29 = 870$(초)가 걸립니다.

따라서 악수를 끝내는 데 $870 \div 60 = 14 \cdots 30$, 14분 30초 걸립니다.

18 ① 17로 나누었을 때 나머지의 합

$100 \div 17 = 5 \cdots 15$, $101 \div 17 = 5 \cdots 16$,

$102 \div 17 = 6$, $\cdots$, $149 \div 17 = 8 \cdots 13$,

$150 \div 17 = 8 \cdots 14$

➡ $\underbrace{15 + 16}_{\text{몫이 5일 때}} + \underbrace{0 + 1 + 2 + \cdots + 16}_{\text{몫이 6일 때}}$

$\quad + \underbrace{0 + 1 + \cdots + 16}_{\text{몫이 7일 때}} + \underbrace{0 + 1 + \cdots + 14}_{\text{몫이 8일 때}}$

$= (15 + 16 + 0 + 1 + 2 + \cdots + 14) \times 3$

$= \dfrac{(1 + 16) \times 16}{2} \times 3 = 408$

② 23으로 나누었을 때 나머지의 합

$100 \div 23 = 4 \cdots 8$, $101 \div 23 = 4 \cdots 9$,

$102 \div 23 = 4 \cdots 10$, $\cdots$, $149 \div 23 = 6 \cdots 11$,

$150 \div 23 = 6 \cdots 12$

➡ $\underbrace{8 + 9 + 10 + \cdots + 22}_{\text{몫이 4일 때}} + \underbrace{0 + 1 + \cdots + 22}_{\text{몫이 5일 때}}$

$\quad + \underbrace{0 + 1 + 2 + \cdots + 12}_{\text{몫이 6일 때}}$

$= (0 + 1 + 2 + \cdots + 22) \times 2$

$\quad + (8 + 9 + 10 + 11 + 12)$

$= \dfrac{(1 + 22) \times 22}{2} \times 2 + 50 = 556$

①과 ②에 의해 주어진 식의 값은 $408 + 556 = 964$입니다.

19 수박을 모두 무사히 운반하면 운반비는 모두 $1400 \times 400 = 560000(\text{원})$을 받게 됩니다. 그런데 221200원을 받았으므로 깨뜨린 수박의 개수는

$(560000 - 221200) \div (14000 + 1400)$

$= 338800 \div 15400 = 22(\text{개})$입니다.

20

막대 ㉮는 물통의 물의 높이의 4배, 막대 ㉯는 물통의 물의 높이의 5배, 막대 ㉰는 물통의 물의 높이의 6배이므로 막대 ㉮, ㉯, ㉰의 길이의 합은 물통의 물의 높이의 15배입니다.

따라서 물통의 물의 높이는 $960 \div 15 = 64(\text{cm})$입니다.

21 · 1열과 4열의 연속된 세 수의 합은 3으로 나누어떨어집니다.

1열 ➡ $(1 + 8 + 9) \div 3 = 6$,

$\qquad (8 + 9 + 16) \div 3 = 11$, $\cdots$

4열 ➡ $(4 + 5 + 12) \div 3 = 7$,

$\qquad (5 + 12 + 13) = 10$, $\cdots$

· 2열과 3열의 연속된 세 수의 합은 3으로 나누면 나머지가 1 또는 2입니다.

2열 ➡ $(2 + 7 + 10) \div 3 = 6 \cdots 1$,

$\qquad (7 + 10 + 15) \div 3 = 10 \cdots 2$, $\cdots$

3열 ➡ $(3 + 6 + 11) \div 3 = 6 \cdots 2$,

$\qquad (6 + 11 + 14) \div 3 = 10 \cdots 1$, $\cdots$

$332 \div 3 = 110 \cdots 2$이므로 332는 2열 또는 3열에 있습니다.

· 332가 2열에 있을 때 가운데 수를 □라 하면

□$-3+$□$+$□$+5 = 332$에서 □$= 110$입니다.

· 332가 3열에 있을 때 가운데 수를 □라 하면

□$-3+$□$+$□$+5 = 332$에서 □$= 110$입니다.

그런데 $110 \div 4 = 27 \cdots 2$이므로 28행 3열의 수입니다.

22 가영이와 예슬이의 빠르기는 같으므로 쉬는 데 걸리는 시간의 차를 구합니다.

가영이는 4번 쉬므로 $4 \times 5 = 20$(분) 쉬고,
예슬이는 $(600 \times 5) \div 500 = 6$에서 5번 쉬므로
쉬는 데 걸리는 시간은 $3 \times 5 = 15$(분)입니다.
따라서 두 사람이 연못을 5바퀴 도는 데 걸리는 시간
의 차는 $20 - 15 = 5$(분)입니다.

23 빨간 양초가

$(15분 동안 탄 길이) = 20 - 17\frac{1}{6} = 2\frac{5}{6}$(cm)

(1시간 동안 탄 길이)

$= 2\frac{5}{6} + 2\frac{5}{6} + 2\frac{5}{6} + 2\frac{5}{6} = 11\frac{2}{6}$(cm)

$(1시간 타고 남은 길이) = 20 - 11\frac{2}{6} = 8\frac{4}{6}$(cm)

노란 양초가

$(20분 동안 탄 길이) = 20 - 16\frac{5}{6} = 3\frac{1}{6}$(cm)

$(1시간 동안 탄 길이) = 3\frac{1}{6} + 3\frac{1}{6} + 3\frac{1}{6} = 9\frac{3}{6}$(cm)

$(1시간 타고 남은 길이) = 20 - 9\frac{3}{6} = 10\frac{3}{6}$(cm)

따라서 빨간 양초가

$10\frac{3}{6} - 8\frac{4}{6} = 1\frac{5}{6}$(cm) 더 짧습니다.

24 (검은색 바둑돌의 수)

$= 1 + 4 \times 4 + 8 \times 4 + 12 \times 4 + 16 \times 4 = 161$(개)

(흰색 바둑돌의 수)

$= 2 \times 4 + 6 \times 4 + 10 \times 4 + 14 \times 4 + 18 \times 4 = 200$(개)

따라서 흰색 바둑돌이 $200 - 161 = 39$(개) 더 많습니다.

25 점 3개를 꼭짓점으로 하는 크기가 다른 정삼각형은 다
음과 같이 11가지입니다.

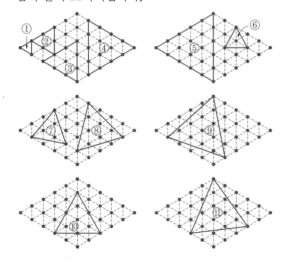

제13회 예 상 문 제	103~110

1 A : 15, B : 25, C : 4, D : 100	
2 65534	**3** 184개
4 1.2	**5** 6
6 40개	**7** 35
8 270	**9** 같습니다.
10 50분	**11** 80그루
12 10000원	**13** 88°
14 140°	**15** 1020000
16 228개	**17** $3\frac{3}{8}$ m
18 5시간 20분	**19** 202개
20 풀이 참조	**21** 4시간 48분
22 2개	**23** 24 km
24 29가지	**25** 11개

1

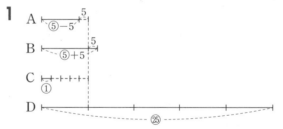

A+B+C+D=144이므로
$C = 144 \div (5 + 5 + 1 + 25) = 4$입니다.
따라서 A=15, B=25, C=4, D=100입니다.

[별해]

$A + 5 = B - 5 = C \times 5 = D \div 5 = \square$라 하면
$A = \square - 5$, $B = \square + 5$, $C = \square \div 5$,
$D = \square \times 5$입니다.

$A + B + C + D = \square - 5 + \square + 5 + \frac{\square}{5} + \square \times 5 = 144$

따라서 $\square = 20$이므로 A=15, B=25, C=4,
D=100입니다.

2 합은 식에서 마지막에 더하는 수의 2배보다 2 작은 수
이므로 $32768 \times 2 - 2 = 65534$입니다.

3 가장 큰 수가 되게 하려면 가장 높은 자리의 숫자부터
9가 계속 되도록 숫자를 지워야 합니다. 즉 앞자리의
숫자부터 9를 제외한 숫자를 100개를 지웁니다.

(지우는 수) ➡ 1~8(8개)

10~57(2×48−4=92(개))

➡ 1⑨, 2⑨, 3⑨, 4⑨

(지운 수 중 숫자 1의 개수)

➡ 1, 10, 11, …, 19, 21, 31, 41, 51 (16개)

$\underbrace{\qquad}_{11개}$

1부터 500까지의 수 중 숫자 1의 개수는

(일의 자리 숫자 1의 개수)=500÷10=50(개)

(십의 자리 숫자 1의 개수)=500÷100×10=50(개)

(백의 자리 숫자 1의 개수)=100~199에서 100개

따라서 새로 만든 수에서 숫자 1의 개수는

(50+50+100)−16=184(개)입니다.

4 정사각형의 한 변의 길이는 0.12입니다.

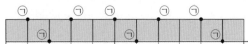

시계 방향으로 두 바퀴 반을 움직이면 ㉠은 0에서 0.12씩 10칸을 움직인 위치이므로 0.12×10=1.2의 위치에 있습니다.

5 111111111÷9=12345679이므로

$111 \underset{\underbrace{\qquad}_{1500개}}{\cdots} 111 = 111 \underset{\underbrace{\qquad}_{1494개}}{\cdots} 111 \times 1000000 + 111111$

따라서 111111÷9=12345 … 6이므로

나머지는 6입니다.

6

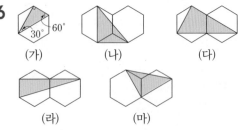

(가) : 직각삼각형이 각각의 정육각형 속에 12개씩 있으므로 12×2=24(개)입니다.

(나) : 직각삼각형이 4개 있습니다.

(다) : 직각삼각형이 4개 있습니다.

(라) : 직각삼각형이 4개 있습니다.

(마) : 직각삼각형이 4개 있습니다.

따라서 모두 40개입니다.

7

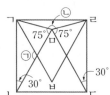

(각 ㉯)=(180°−70×2)÷2=20°

(각 ㉱)=(180°−70°)÷2=55°

(각 ㉮)=180°−(20°+70°+55°)=35°

8 삼각형 ㄱㄴㅁ과 삼각형 ㄹㄷㅁ은 이등변삼각형입니다.

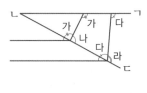

(각 ㉠)=180°−(30°+30°)

=120°

(각 ㉡)

=360°−(75°+60°+75°)=150°

따라서 각 ㉠과 ㉡의 크기의 합은 270°입니다.

9 그림과 같이 선분 ㄱㄴ과 평행한 2개의 보조선을 그으면 (각 가)+(각 나) =(각 다)+(각 라)임을 알 수 있습니다.

10 (㉠과 ㉡ 수도꼭지로 1분 동안 받은 물의 양)

=120÷10=12(L)

(㉠ 수도꼭지로 1분 동안 받은 물의 양)

=(420−360)÷10=6(L)

(㉡ 수도꼭지로 1분 동안 받은 물의 양)

=12−6=6(L)

(㉠과 ㉢ 수도꼭지로 1분 동안 받은 물의 양)

=(500−420)÷10=8(L)

(㉢ 수도꼭지로 1분 동안 받은 물의 양)

=8−6=2(L)

따라서 ㉡과 ㉢의 수도꼭지를 틀어 400 L의 물을 받는 데 걸리는 시간은 400÷(6+2)=50(분)입니다.

11 6 m 간격으로 □그루를 심는다면 8 m 간격으로 □−40(그루)를 심을 수 있습니다.

6×□=8×(□−40), □=160

연못의 둘레는 160×6=960(m)이므로

나무를 12 m 간격으로 심는다면 960÷12=80(그루)가 필요합니다.

12

동화책이 인형보다 2500원이 더 비싸므로 눈금 1칸의 값은 2500원입니다.

따라서 처음에 가지고 있던 돈은

$2500 \times 4 = 10000$(원)입니다.

13 ●$+2 \times$▲$=68°$ … ①

$2 \times$●$+3 \times$▲$=180-68=112°$ … ②

①$\times 2 -$②를 하면

$2 \times$●$+4 \times$▲$=136°$

$2 \times$●$+3 \times$▲$=112°$에서

▲$=136°-112°=24°$, ●$=68°-2 \times 24°=20°$

따라서 (각 ㄴㄹㄱ)$=180°-24°\times 3 - 20°=88°$

입니다.

14 (각 ㄱㄹㄷ)$=180°-70°=110°$

(각 ㄷㄹㅊ)$=110°-(20°+60°)=30°$

(각 ㄹㅊㅈ)$=70°+30°=100°$

(각 ㅂㅈㅊ)$=100°-60°=40°$

따라서 (각 ㅇㅈㅊ)$=180°-40°=140°$

15 $(3+4+\cdots+101+102)+(4+5+\cdots+102$

$+103)+\cdots+(102+103+\cdots+200+201)$

$=5250+5350+\cdots+15150$

$=(5250+15150) \times 100 \div 2 = 1020000$

16 토마토를 한 상자에 12개씩 넣으면 $12 \times 4 = 48$(개)

가 남고, 16개씩 넣으면 토마토 12개가 부족하므로 상

자 수는 $(48+12) \div (16-12)=15$(개)입니다.

따라서 토마토 수는 $16 \times 15 - 12 = 228$(개)입니다.

17 연못의 깊이

(연못의 깊이)$=14\frac{5}{8} \div (3+4+6)=\frac{117}{8} \div 13$

$=\left(\frac{9}{8}+\frac{9}{8}+\frac{9}{8}+\cdots+\frac{9}{8}\right) \div 13$

$\underbrace{\qquad\qquad\qquad\qquad}_{13개}$

$=\frac{9}{8}$(m)

따라서 ㉮ 막대의 길이는

$\frac{9}{8}+\frac{9}{8}+\frac{9}{8}=\frac{27}{8}=3\frac{3}{8}$(m)

18 오후 10시부터 오전 6시까지 8시간 동안 2명씩 3조가

교대로 순찰하므로 1조가 순찰하는 시간은

$8 \div 3 = 2\frac{2}{3}$(시간)이고

(잠자는 시간)$=8-2\frac{2}{3}=5\frac{1}{3}$(시간)

➡ 5시간 20분입니다.

19

ㄱ	4	5	6	ㄹ
ㅁ				
10	1	2	3	11
ㄴ	ㅂ	7	8	9	ㅅ	ㄷ

직사각형 ㄱㄴㄷㄹ과 직사각형 ㅁㅂㅅㅇ에는 직사각형

이 각각 $(1+2+3+4+5) \times (1+2+3)=90$(개)씩

있으므로 모두 $90+90=180$(개)입니다.

$\boxed{1}$, $\boxed{2}$, $\boxed{3}$, $\boxed{1~2}$, $\boxed{2~3}$, $\boxed{1~2~3}$은

중복되므로 빼야 하고 $\boxed{4}$, $\boxed{5}$, $\boxed{6}$, $\boxed{7}$, $\boxed{8}$, $\boxed{9}$

를 포함하는 직사각형은 $12 \times 2 = 24$(개), $\boxed{10}$, $\boxed{11}$

을 포함하는 직사각형은 $2 \times 2 = 4$(개) 있습니다.

따라서 직사각형의 수는 모두

$180-6+24+4=202$(개)입니다.

20 (예)

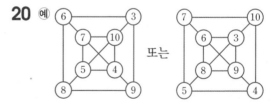

또는

각 사각형의 4개 꼭짓점 위의 수의 합과 각 대각선 위

의 4개 수의 합은

$(3+4+\cdots+9+10) \div 2 = 52 \div 2 = 26$입니다.

26은 짝수이므로 각 사각형의 4개 꼭짓점 위의 수와

각 대각선 위의 4개 수는 각각 홀수 2개, 짝수 2개입

니다.

따라서 각 대각선 위의 4개 수의 합의 $\frac{1}{2}$은

$26 \div 2 = 13$이므로 한 개의 짝수와 홀수의 합이어야

합니다.

따라서 3과 10, 4와 9, 5와 8, 6과 7을 알맞게 ○ 안

에 써넣습니다.

21 배는 한 시간에 $72 \div 6 = 12$(km)를 가므로 강물은

한 시간에 $18-12=6$(km)의 빠르기로 흐릅니다.

따라서 강을 내려오는 데 걸리는 시간은

$$72 \div (18 \div 2 + 6) = \frac{72}{15} = 4\frac{12}{15}(시간)$$

➡ 4시간 48분입니다.

22 가지고 있는 돈을 24라고 하면
아이스크림 한 개의 가격은
가=1, 나=2, 다=3, 라=6입니다.
따라서 24÷(1+2+3+6)=2(개)씩 살 수 있습니다.

23 한 시간에 버스가 가는 거리를 △ km라 하면
(버스와의 거리)=4×(32−△)÷60
(버스와의 거리)=16×(20−△)÷60
한 시간에 버스가 가는 거리는 16 km이고,
처음에 자동차와 버스와의 거리는
4×(32−16)÷60=64÷60(km)입니다.
중간 빠르기로 달리는 자동차가 한 시간에 가는 거리
를 □km라 하면
64÷60=8×(□−16)÷60, □=24입니다.

24

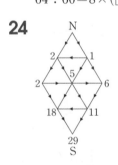

25 만들 수 있는 정사각형, 정사각형이 아닌 마름모인 경
우로 나누어 찾습니다.
① 정사각형인 경우 : 8개

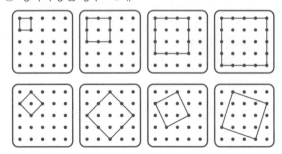

② 정사각형이 아닌 마름모인 경우 : 3개

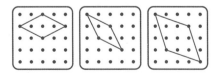

따라서 모두 8+3=11(개)입니다.

---

1 16	**2** 4.32
3 16	**4** 32분
5 21.524	**6** 979
7 60개	**8** 95°
9 142°	**10** 52°
11 75조각	**12** 44개
13 13일	**14** 637200원
15 125 m	**16** 1
17 881	**18** 149장
19 $1\frac{20}{29}$	**20** 52
21 75점	**22** 165°
23 127개	**24** 42분
25 124개	

1 가장 큰 수와 가장 작은 수의 차의 천만 자리 숫자가
6이므로 뒤집어진 카드의 숫자는 3입니다.
9, 0, 7, 3으로 만들 수 있는 가장 작은 수는
30037799이고, 두 번째로 작은 수는 30037979,
세 번째로 작은 수는 30037997입니다.
➡ ㉠+㉡+㉢=0+7+9=16

2
가=0.8, 나=0.8+□, 다=0.8+□+□
라=0.8+□+□+□
다와 라의 합은 가와 나의 합보다 4×□만큼 더 크고,
이것은 1.28이므로 □의 값은 0.32입니다.
따라서 나, 다, 라의 합은
0.8×3+0.32×6=4.32입니다.

3 바르게 계산한 결과를 ㉠㉡.㉢㉣이라 하면

$$\begin{array}{r} ㉠\,㉡\,.\,㉢\,㉣ \\ -\quad ㉠\,㉡\,.\,㉢\,㉣ \\ \hline 3\,1\,1\,6\,.\,5\,2 \end{array}$$

㉣=8, ㉢=4, ㉡=1, ㉠=3입니다.
따라서 바르게 계산한 결과는 31.48입니다.
➡ 3+1+4+8=16

정답과 풀이

4 유승이가 1분에 70 m의 빠르기로 약속 장소에 가다가 약속 시각에 멈추었다면, 약속 장소까지는 $70 \times 6 = 420(\text{m})$가 남게 됩니다.

또, 유승이가 1분에 133 m의 빠르기로 약속 장소에 약속 시각까지 가게 되면 약속 장소를 지나 $133 \times 12 = 1596(\text{m})$를 더 가게 됩니다.

그러므로 출발해서 약속 시각까지 1분에 133 m의 빠르기로 간 것이 1분에 70 m의 빠르기로 간 것보다 $420 + 1596 = 2016(\text{m})$ 더 많이 갔고,

1분에 $133 - 70 = 63(\text{m})$씩 더 많이 가게 되므로 약속 시각까지는 $2016 \div 63 = 32(\text{분})$이 남은 셈입니다.

따라서 약속 시각은 오후 1시 32분입니다.

5 식을 정리하면 $[\square] - 3 \times \langle \square \rangle + 0.572 = 20$에서 $3 \times \langle \square \rangle = \blacksquare.572$입니다.

이때 $0.572 \div 3$은 나누어떨어지지 않고 $1.572 \div 3 = 0.524$이므로 $\langle \square \rangle = 0.524$입니다.

$[\square] - 3 \times 0.524 + 0.572 = 20$에서 $[\square] = 21$이므로 식을 만족하는 소수 세 자리 수는 21.524입니다.

6 각 자리의 숫자의 합이 25인 세 자리 수는 799, 889, 898, 979, 988, 997 중의 하나입니다.

또한, 나머지의 각 자리의 숫자의 합이 15이므로 69입니다.

따라서 세 자리 수에 1을 더한 수가 70으로 나누어떨어지므로 $979 + 1 = 980$, $980 \div 70 = 14$에서 구하는 수는 979입니다.

7 직각삼각형은 그림과 같이 5종류를 만들 수 있습니다. ①, ②, ③, ④, ⑤ 아래의 반원에서도 만들 수 있고, 지름은 6개이므로 $5 \times 2 \times 6 = 60(\text{개})$를 만들 수 있습니다.

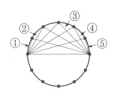

8

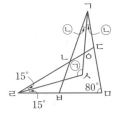

(각 ㄱㄷㅇ) $= 15° \times 2 + 80°$
$= 110°$

삼각형 ㄹㅅㅇ과 삼각형 ㄱㅇㄷ에서 각 ㄹㅇㅅ과 각 ㄱㅇㄷ은 맞꼭지각으로 같습니다.

(각 ㉡) $+ 110° = ($각 ㉠$) + 15°$

따라서 각 ㉠은 각 ㉡보다 $110° - 15° = 95°$ 더 큽니다.

9

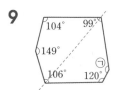

그림과 같이 보조선을 그어서 2개의 사각형을 만들면 사각형의 네 각의 크기의 합은 360°이므로

$104° + 149° + 99° + 106° + 120° + ㉠$
$= 360° \times 2 = 720°$

따라서 각 ㉠의 크기는 142°입니다.

10 평행한 선을 그어 크기가 같은 각을 이용해서 구합니다.

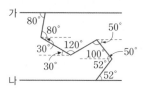

11 원의 수에 따라 나누어지는 조각의 수는 규칙성을 갖게 됩니다.

원 1개일 때 : 5조각
원 2개일 때 : 9조각   4조각 증가
원 3개일 때 : 15조각   6조각 증가
원 4개일 때 : 23조각   8조각 증가
원 5개일 때 : 33조각   10조각 증가
원 6개일 때 : 45조각   12조각 증가
원 7개일 때 : 59조각   14조각 증가
원 8개일 때 : 75조각   16조각 증가

12

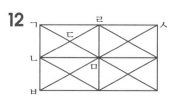

삼각형 ㄱㄴㄷ 모양 : 8개
삼각형 ㄱㄷㄹ 모양 : 8개
삼각형 ㄴㄷㅁ 모양 : 16개
삼각형 ㄱㅂㅁ 모양 : 4개
삼각형 ㄱㅁㅅ 모양 : 4개
삼각형 ㄱㅂㅅ 모양 : 4개

따라서 모두 $8 + 8 + 16 + 4 + 4 + 4 = 44(\text{개})$입니다.

13 세로 눈금 한 칸이 2일을 나타내므로 '좋음'인 날은 4월 : 12일, 5월 : 10일, 6월 : $\square$일, 7월 : $(\square + 4)$일입니다.

$12 + 10 + \square + \square + 4 = 54$, $\square + \square = 28$, $\square = 14$이므로 6월은 14일, 7월은 18일입니다.

7월은 31일까지 있으므로 미세먼지 농도가 좋지 않은
날수는 $31-18=13$(일)입니다.

14 $4267 \div 200=21 \cdots 67$이므로 21상자가 포장되고
$67 \div 15=4 \cdots 7$이므로 4봉지가 포장됩니다.
따라서 판매할 금액은
$21 \times 30000 + 4 \times 1800 = 637200$(원)입니다.

15 기차가 터널을 완전히 통과하려면 기차의 길이의
12배를 달려야 합니다. 한 시간에 90 km씩 일정한
빠르기로 달리므로 1분에는 $90000 \div 60 = 1500$(m)
를 달립니다.
따라서 기차의 길이는 $1500 \div 12 = 125$(m)입니다.

16 일의 자리의 숫자 :
$10 \times 4 = 4\textcircled{0}$
└→ 십의 자리로 받아올림
십의 자리의 숫자 :
$9 \times 4 + 4 = 4\textcircled{0}$
└→ 백의 자리로 받아올림
백의 자리의 숫자 :
$8 \times 4 + 4 = 3\textcircled{6}$
└→ 천의 자리로 받아올림
천의 자리의 숫자 :
$7 \times 4 + 3 = 3\textcircled{1}$
└→ 만의 자리로 받아올림
따라서 천의 자리의 숫자는 1입니다.

17 카드를 한 번씩만 사용하여 만들 수 있는 가장 큰 수는
821입니다. 821을 오른쪽으로 뒤집기
한 수인 ㉠은 158, 821을 아래쪽으로
뒤집기 한 수인 ㉡은 851, 821을 시계
방향으로 180°만큼 돌리기 한 수인 ㉢은 128입
니다.
따라서 ㉠+㉡-㉢$=158+851-128=881$입니다.

18 가로와 세로를 1줄씩 더 늘리는 데 필요한 카드는
$28-5=23$(장)이므로 늘린 정사각형에서 한 변의 카
드 수는 $(23+1) \div 2 = 12$(장)입니다.
따라서 카드는 $12 \times 12 + 5 = 149$(장) 있습니다.

19 규칙을 찾아보면
$2❋7=20 \Rightarrow 2 \times 3 + 7 \times 2 = 20$

$4❋3=18 \Rightarrow 4 \times 3 + 3 \times 2 = 18$
$5❋9=33 \Rightarrow 5 \times 3 + 9 \times 2 = 33$
그러므로 $a❋b=a \times 3 + b \times 2$의 규칙을 알 수 있습
니다.
(준식)$=\dfrac{1 \times 3 + 8 \times 2}{3 \times 3 + 10 \times 2} + \dfrac{6 \times 3 + 6 \times 2}{5 \times 3 + 7 \times 2}$
$=\dfrac{19}{29}+\dfrac{30}{29}=\dfrac{49}{29}=1\dfrac{20}{29}$

20 큰 정삼각형은 작은 정삼각형이 64개 모인 것이므로
작은 정삼각형 1개의 넓이는 2입니다.
네 부분으로 나누어 각각의 넓이를 구한 후 더합니다.
(①의 넓이)$=8 \times 2 \div 2 = 8$
(②의 넓이)$=9 \times 2 = 18$
(③의 넓이)$=10 \times 2 \div 2 = 10$
(④의 넓이)$=16 \times 2 \div 2 = 16$
따라서 굵은 선으로 둘러싸인 삼각형의 넓이는
$8+18+10+16=52$입니다.

21 (한 게임마다 벌어지는 점수의 차)
$=4+1=5$(점)
영수가 한별이보다 30점 더 높으므로 영수가
$30 \div 5 = 6$(번)을 더 이겼습니다.
따라서 영수가 진 횟수는 $(30-6) \div 2 = 12$(번)이고,
이긴 횟수는 $30-12=18$(번)이므로 영수의 점수는
$15+18 \times 4 - 12 \times 1 = 75$(점)입니다.

22 다각형에서 대각선의 개수는
(다각형의 변의 개수-3)$\times$(변의 개수)$\div 2$로 구할 수
있습니다.
다각형의 변의 개수를 ▢개라 하면
$(▢-3) \times ▢ \div 2 = 252$
$(▢-3) \times ▢ = 504$
$▢=24$
정이십사각형에서 변과 변끼리 만나는 작은 쪽의 각은
$\dfrac{(24-2) \times 180°}{24}=165°$입니다.

23 첫 번째 도형에서는 $1+2=3$(개),
두 번째 도형에서는 $1+2+4=7$(개),
세 번째 도형에서는 $1+2+4+8=15$(개)
따라서 6번째 도형에서는
$1+2+4+8+16+32+64=127$(개)입니다.

24 A, B 두 배수구에서 1분 동안 빠지는 물의 양 :
$(800-416)\div24=16(\text{L})$
B 배수구에서 1분 동안 빠지는 물의 양 :
$(416-128)\div24=12(\text{L})$
A 배수구에서 1분 동안 빠지는 물의 양 :
$16-12=4(\text{L})$
따라서 물 탱크에 물을 가득 채우는 데 걸린 시간은
$(800-128)\div(20-4)=42(\text{분})$입니다.

25 삼각형 2개로 된 사각형 : 20개
삼각형 3개로 된 사각형 : 31개
삼각형 4개로 된 사각형 : 22개
삼각형 5개로 된 사각형 : 15개
삼각형 6개로 된 사각형 : 8개
삼각형 7개로 된 사각형 : 3개
삼각형 8개로 된 사각형 : 17개
삼각형 12개로 된 사각형 : 5개
삼각형 15개로 된 사각형 : 3개
따라서 사각형은 모두
$20+31+22+15+8+3+17+5+3=124(\text{개})$입니다.

제15회 예 상 문 제	119~126

1 7		**2** 8회째	
3 4		**4** 972	
5 127550		**6** 491, 2509	
7 27°		**8** 28 cm	
9 15°		**10** 15°	
11 900°		**12** 113개	
13 460개		**14** 112 cm	
15 가 : 24 kg, 나 : 40 kg		**16** 380쪽	
17 5개		**18** 44장	
19 1500원		**20** 36 m	
21 128개		**22** 190만 원	
23 ㉠=8, 나 수도, 300분		**24** 21가지	
25 177개			

1 4000억에 가장 가까운 숫자는 천억의 자리 숫자가 3이면서 가장 큰 수이거나 천억의 자리 숫자가 4이면서 가장 작은 수입니다.
뒤집어진 카드에 올 수 있는 숫자는 1, 5, 6, 7, 9 중 하나입니다.

	천억의 자리 숫자가 4이면서 가장 작은 수	천억의 자리 숫자가 3이면서 가장 큰 수
1	400112233488	388443221100
5	400223345588	388554432200
6	400223346688	388664432200
7	400223347788	388774432200
9	400223348899	399884432200

천억의 자리 숫자가 4이면서 가장 작은 수와 천억의 자리 숫자가 3이면서 가장 큰 수의 차가 11668913388일 때, 천의 자리 이하의 각 자리 수를 만족하기 위해서는 뒤집어진 카드의 숫자가 5가 되어야 합니다.
따라서 4000억에 더 가까운 수는 400223345588이므로 일억의 자리에 쓰인 숫자는 2, 천의 자리에 쓰인 숫자는 5이므로 두 수의 합은 $2+5=7$이 됩니다.

2 $1\times2\times3\times\cdots\times15\times16\times17$
$=1\times2\times3\times(2\times2)\times5\times(2\times3)\times7\times(2\times2\times2)$
$\times(3\times3)\times(2\times5)\times11\times(2\times2\times3)\times13$
$\times(2\times7)\times(3\times5)\times(2\times2\times2\times2)\times17$
$4=2\times2$는 7번 곱해졌으므로 7회째까지는 나누어떨어지고 8회째는 나누어떨어지지 않습니다.

3 □※2를 △라 하면 4※△=65536이므로
$\triangle\times\triangle\times\triangle\times\triangle\times\triangle=65536$에서 $\triangle=16$입니다.
따라서 □※2=16이므로 $2\times2\times2\times2=16$,
□=4입니다.

4 어떤 소수와 그 소수의 소수점을 빠뜨린 자연수의 차가 874.8이므로 어떤 소수의 소수 첫째 자리의 숫자는 2입니다.

9	7	2	
−	9	7 .	2
8	7	4 .	8

5 괄호 안의 수의 규칙을 찾아보면
$(1, 1\times1, 1\times1\times1), (2, 2\times2, 2\times2\times2),$
$(3, 3\times3, 3\times3\times3), \cdots$입니다.

50번째에는 $(50, 50 \times 50, 50 \times 50 \times 50)$이 놓이므로 세 수의 합은

$50 + 50 \times 50 + 50 \times 50 \times 50$
$= 50 + 2500 + 125000 = 127550$입니다.

6

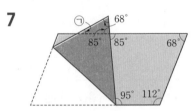

(작은 수) $= (3000 - 54) \div 6 = 491$
(큰 수) $= 3000 - 491 = 2509$

7

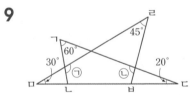

따라서 각 ㉠의 크기는 $180° - 68° - 85° = 27°$입니다

8 삼각형 ㄱㄴㄷ은 정삼각형이고, 사각형 ㅁㅂㄷㄹ은 평행사변형이므로 선분 ㄱㄴ은 8 cm, 선분 ㅁㅂ은 2 cm입니다. 또, 선분 ㄱㅂ은 $8 - 6 = 2(\text{cm})$이므로 도형의 둘레는 $8 \times 3 + 2 \times 2 = 28(\text{cm})$입니다.

9

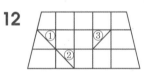

(각 ㄹㅂㄷ) $= 30° + 45° = 75°$이므로
(각 ㉡) $= 75° + 20° = 95°$입니다.
(각 ㄱㄴㅁ) $= 60° + 20° = 80°$이므로
(각 ㉠) $= 30° + 80° = 110°$입니다.
따라서 (각 ㉠) $-$ (각 ㉡) $= 110° - 95° = 15°$입니다.

10 • 정십이각형은 삼각형 10개로 나눌 수 있으므로 정십이각형의 모든 각의 크기의 합은 $180° \times 10 = 1800°$이고, 한 각의 크기는 $1800° \div 12 = 150°$입니다.

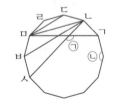

➡ ㉡ $= 150°$

• 오각형 ㄱㄴㄷㄹㅁ은 삼각형 3개로 나누어지므로 5개의 각도의 합은 $180° \times 3 = 540°$입니다.

(각 ㄴㄱㅁ) $=$ (각 ㄹㅁㄱ)
$\qquad = (540° - 150° \times 3) \div 2 = 45°$
또한 육각형 ㄴㄷㄹㅁㅂㅅ은 삼각형 4개로 나누어지므로 6개의 각도의 합은 $180° \times 4 = 720°$입니다.
(각 ㄷㄴㅅ) $=$ (각 ㅂㅅㄴ)
$\qquad = (720° - 150° \times 4) \div 2 = 60°$
따라서 (각 ㅅㄴㄱ) $= 150° - 60° = 90°$이므로
㉠ $= 90° + 45° = 135°$
따라서 ㉠과 ㉡의 각도의 차는 $150° - 135° = 15°$입니다.

11 삼각형의 세 각의 합 : $180°$
사각형의 네 각의 합 : $360°$
오각형의 다섯 각의 합 : $540°$
따라서 $540° + 360° + 180° + 180° - 360° = 900°$

12

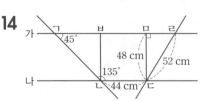

대각선을 제외한 사각형의 개수를 먼저 세어 봅니다.
$(1 + 2 + 3 + 4 + 5) \times (1 + 2 + 3) = 90(\text{개})$
①번 대각선만 활용한 사각형 :
가로로 4개, 세로로 2개
②번 대각선만 활용한 사각형 :
가로로 4개, 세로로 2개
③번 대각선만 활용한 사각형 :
가로로 4개, 세로로 2개
①번과 ②번 대각선을 활용한 사각형 :
가로로 3개, 세로로 1개
①번과 ③번 대각선을 활용한 사각형 : 1개
따라서 사각형의 개수는 모두
$90 + 6 \times 3 + 4 + 1 = 113(\text{개})$입니다.

13 $32 \div 8 = 4$이므로 가장 바깥쪽과 가장 안쪽의 한 변에 놓인 구슬의 개수의 차는 $2 \times 4 = 8(\text{개})$입니다.
따라서 가장 안쪽의 한 변에 놓인 구슬의 개수는
$28 - 8 = 20(\text{개})$이므로 구슬의 총 개수는
$28 \times 28 - (20 - 2) \times (20 - 2) = 460(\text{개})$입니다.

14

그림과 같이 직선 가에 수직이 되도록 선분 ㄷㅁ을 그립니다.

삼각형 ㄷㄹㅁ은 직각삼각형이고,

(선분 ㄷㅁ)=48 cm이므로 조건에 따라

$(52 \times 52) - (48 \times 48) = 400$이고 $400 = 20 \times 20$이므로 선분 ㅁㄹ의 길이는 20 cm입니다.

또한 삼각형 ㄱㄴㅂ은 직각이등변삼각형이므로 선분 ㄱㅂ의 길이는 48 cm이고

(선분 ㅁㅂ)=(선분 ㄴㄷ)=44 cm입니다.

따라서 선분 ㄱㄹ의 길이는

$48 + 44 + 20 = 112(cm)$입니다.

15

가와 나 바구니의 무게의 차는 16 kg입니다.

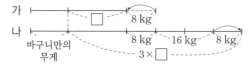

$2 \times \square = 32$, $\square = 16$이므로

가 바구니의 딸기 무게는 $16 + 8 = 24(kg)$,

나 바구니의 딸기 무게는 $24 + 16 = 40(kg)$입니다.

16 1, 2, …, 8, 9 ➡ 9개

10, 11, …, 98, 99 ➡ 90개

1쪽부터 99쪽까지 $9 + 2 \times 90 = 189(개)$의 숫자가 쓰였으므로 세 자리 수 쪽수는

$(1032 - 189) \div 3 = 281(쪽)$입니다.

따라서 이 책은 모두 $99 + 281 = 380(쪽)$으로 되어 있습니다.

17 세로의 길이는 15 cm로 같으므로 가로의 길이만 다른 직사각형을 알아봅니다.

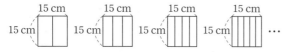

정사각형의 둘레의 길이는 $15 \times 4 = 60(cm)$로 항상 일정하고 직사각형의 둘레의 길이의 합만 변합니다.

2개의 직사각형으로 나누어진 경우 : 90 cm

3개의 직사각형으로 나누어진 경우 : 120 cm

4개의 직사각형으로 나누어진 경우 : 150 cm

5개의 직사각형으로 나누어진 경우 : 180 cm

따라서 5개의 직사각형으로 나누었을 때 정사각형의 둘레의 길이의 3배가 됩니다.

18

남은 색종이의 가로의 장수를 $\square$, 세로의 장수를 $\triangle$라 하면

$(\square + 2) + \triangle \times 2$
$= 108 - 80 = 28$에서

$\square + \triangle \times 2 = 26$, $\square \times \triangle = 80$입니다.

$\square$	80	40	20	16	10	…
$\triangle$	1	2	4	5	8	…
$\square + \triangle \times 2$	82	44	28	26	26	…
	(×)	(×)	(×)	(○)	(○)	

$\square = 16$, $\triangle = 5$일 때 처음 배열한 직사각형의 둘레에 있는 색종이는 $(18 + 6) \times 2 - 4 = 44(장)$입니다.

$\square = 10$, $\triangle = 8$일 때 처음 배열한 직사각형의 둘레에 있는 색종이는 $(12 + 9) \times 2 - 4 = 38(장)$입니다.

따라서 최대 44장입니다.

19 (예슬이가 낸 돈)$= 9000 + 1500 = 10500(원)$

(가영이가 낸 돈)$= 6000 - 1500 = 4500(원)$

따라서 공책 한 권의 값은

$(10500 - 4500) \div 4 = 1500(원)$입니다.

20 (가 열차와 나 열차가 1초에 달리는 거리)

$= (270 + 290) \div 8 = 70(m)$

따라서 나 열차는 1초에 $70 - 34 = 36(m)$의 빠르기로 달립니다.

21 A ⟨㉙⟩ 12개 ⟨⑥⟩
B ⟨㉟⟩

①$= 12 \div 6 = 2(개)$이므로

A 공장의 생산량은 $2 \times 29 = 58(개)$이고,

B 공장의 생산량은 $2 \times 35 = 70(개)$입니다.

따라서 $58 + 70 = 128(개)$입니다.

22 가 창고에 모으는 경우 :

$100 \times (25 \times 100 + 50 \times 200 + 20 \times 300 + 10 \times 400)$
$= 2250000(원)$

나 창고에 모으는 경우 :

$100 \times (30 \times 100 + 50 \times 100 + 20 \times 200 + 10 \times 300)$
$= 1500000(원)$

다 창고에 모으는 경우 :
$100 \times (30 \times 200 + 25 \times 100 + 20 \times 100 + 10 \times 200)$
$=1250000(원)$

라 창고에 모으는 경우 :
$100 \times (30 \times 300 + 25 \times 200 + 50 \times 100 + 10 \times 100)$
$=2000000(원)$

마 창고에 모으는 경우 :
$100 \times (30 \times 400 + 25 \times 300 + 50 \times 200 + 20 \times 100)$
$=3150000(원)$

따라서 마 창고로 옮길 때 운송비가 가장 많고 다 창고로 옮길 때 운송비가 가장 적습니다.

➡ $3150000 - 1250000 = 1900000(원)$

23 전체 160 L의 절반인 80 L의 물을 받는 데 나 수도만 사용하여 물을 받는 시간이 두 개의 수도를 틀어 받은 시간의 2배보다 적게 걸렸고 ㉠>6이므로 나 수도에서 1분에 나오는 물의 양이 가 수도에서 나오는 물의 양보다 많습니다.

따라서 나 수도에서는 30분에 240 L의 물이 나오므로 나 수도로 1분에 받는 물의 양은 $240 \div 30 = 8(L)$이고, 〈그림1〉에서 나 수도로 $160 - 80 = 80(L)$의 물을 받는데 걸린 시간은 $80 \div 8 = 10(분)$이므로 ㉠$=18-10=8$입니다.

또한 가 수도로 1분 동안 받는 물의 양은
$60 \div 30 = 2(L)$이므로 800 L의 물을 받는데
가 수도는 $800 \div 2 = 400(분)$ 걸리고
나 수도는 $800 \div 8 = 100(분)$ 걸리므로 나 수도를 튼 욕조가 $400 - 100 = 300(분)$ 더 빨리 받을 수 있습니다.

24 각 꼭짓점까지 갈 수 있는 방법은 다음과 같습니다.

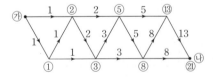

25 •이등변삼각형 수의 규칙을 알아보면
  첫 번째 : 삼각형 1개짜리 4개, 2개짜리 4개 ➡ 8개
  두 번째 : 삼각형 1개짜리 8개, 2개짜리 8개, 4개짜리 2개 ➡ 18개
  세 번째 : 삼각형 1개짜리 12개, 2개짜리 12개, 4개짜리 4개 ➡ 28개

네 번째 : 삼각형 1개짜리 16개, 2개짜리 16개, 4개짜리 6개 ➡ 38개

크고 작은 이등변삼각형은 10개씩 늘어나므로 15번째 모양에서는 $8 + 10 \times 14 = 148(개)$

•마름모 수의 규칙을 알아보면
  첫 번째 : 1개, 두 번째 : 3개, 세 번째 : 5개,
  네 번째 : 7개이므로 2개씩 늘어납니다.

➡ 15번째 모양에서는 $1 + 2 \times 14 = 29(개)$입니다.

따라서 찾을 수 있는 크고 작은 이등변삼각형과 마름모 수의 합은 $148 + 29 = 177(개)$입니다.

Memo

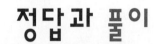

정답과 풀이

제1회 기출문제 129~136

1 13	**2** 12마리
3 9상자	**4** 33일째
5 190초	**6** 129
7 25	**8** 209번째
9 600원	**10** 100 kg
11 116	**12** 20°
13 40°	**14** 16 cm
15 네 번째	**16** 4
17 59	**18** 523
19 220권	**20** 135
21 480	**22** 42

23 162개

24 (1) 36가지 (2) 50가지 (3) 137가지

25 (1) 37개 (2) 127개 (3) 11번째, 150개

1 어떤 세 자리 수는 $70 \times \square \square + 29$가 되며, 몫은 두 자리 수이므로 10과 같거나 큰 수이고 13과 같거나 작은 수입니다.
따라서 몫이 될 수 있는 수 중 가장 큰 수는 13입니다.

2 집에 남아 있던 닭은 처음 집에 있던 닭의 $\frac{3}{4}$입니다.
그림을 그려 보면

위의 그림에서 $\frac{1}{4}$에 해당하는 것이 3마리이므로
처음 집에 있던 닭은 12마리입니다.

3 상자에 들어간 귤은 $1795 - 55 = 1740$(개)입니다.
21상자 모두 70개씩 담은 것으로 가정하면
$21 \times 70 = 1470$(개), 실제로 상자에 담은 귤은
1740개이므로 100개들이 상자는
$(1740 - 1470) \div (100 - 70) = 9$(상자)입니다.

4 개구리밥은 하루마다 2배로 증가하므로 연못을 완전히 덮었을 때를 1이라고 하면
35일째는 $\frac{1}{2}$, 34일째는 $\frac{1}{4}$, 33일째는 $\frac{1}{8}$이 됩니다.

5 20명이 모두 돌아가면서 악수를 하려면 각 사람마다 19번을 해야 합니다. 한 번 하는 데 10초가 걸리므로 모두 $10 \times 19 = 190$(초)가 걸립니다.

6 직선 가, 나, 다 위의 수는 3으로 나누었을 때, 나머지가 각각 1, 2, 0입니다.
(가 위의 50번째 수)$= 3 \times 50 - 2 = 148$
(나 위의 80번째 수)$= 3 \times 80 - 1 = 239$
따라서 $(148 + 239) \div 3 = 129$이므로
다 위의 129번째 수입니다.

7 A 시계와 B 시계는 한 시간당 4분씩 차이가 나므로 $60 \div 4 = 15$(시간) 후의 상황입니다. 15시간 후라면 A 시계는 정상적인 시계보다 40분 빠른 상태이므로 정확한 시각은 5시 20분입니다.
따라서 $5 + 20 = 25$입니다.

8 분수들의 분모는 4씩 늘어나고 분자는 2씩 늘어나므로 분자와 분모의 합은 $4 + 2 = 6$씩 늘어납니다. 6씩 $\square$번 늘어난다고 하면 $13 + 6 \times \square = 1261$에서 $\square = 208$이므로 $208 + 1 = 209$(번째) 분수입니다.

별해

분자와 분모의 합을 늘어놓으면

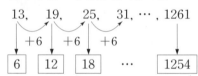

6의 배수를 생각하여 늘어놓으면
$1254 \div 6 = 209$(번째)입니다.

9

배를 사는 데 쓴 돈은 $2400 \div 3 \times 4 = 3200$(원)이므로 처음에 가지고 있던 돈은
$(3200 + 800) \div 2 \times 3 = 6000$(원)입니다.
따라서 6000원의 $\frac{1}{10}$은 600원입니다.

10 ㉮ 바구니와 ㉯ 바구니에 담긴 배의 무게의 차 :
$25 \times 2 = 50 (kg)$
㉯ 바구니에 담긴 배의 무게 :
$50 \div (3 - 1) = 25 (kg)$
㉮ 바구니에 담긴 배의 무게 :

$25 \times 3 = 75(\text{kg})$

따라서 $25 + 75 = 100(\text{kg})$

11 □로 묶여 있는 수들의 규칙성을 살펴보면

$11 + 21 = 12 + 20 = 13 + 19 = 32$
이므로 $32 + 32 + 32 = 96$이 되고,
11의 대각선에 위치한 수 21은 11
보다 10 큽니다.

따라서 $666 \div 3 = 222$는 가장 큰 수와 가장 작은 수의 합이 되고, 가장 큰 수와 가장 작은 수의 차는 10이 되어야 합니다.

따라서 가장 큰 수를 □라고 하면
$□ + □ - 10 = 222$, $□ = 116$입니다.

12 각 ㄴㄱㄷ의 크기를 ①로 하면 각 ㄷㄴㄹ은 ②,
각 ㄹㄷㅁ은 ③, 각 ㅁㄹㅂ은 ④, 각 ㅂㅁㅅ은 ⑤이므로
①$= 100° \div 5 = 20°$를 뜻합니다.
따라서 각 ㄴㄱㄷ은 $20°$입니다.

13 (각 ㄴㄱㄹ)$+$(각 ㅂㄷㄹ)
$= 360° - (150° + 70°) = 140°$
(각 ㅂㄱㄹ)$+$(각 ㅁㄷㄹ)$= 140° \div 2 = 70°$
따라서 구하는 각도는
$180° - \{360° - (150° + 70°)\} = 40°$

14 사각형의 내각의 합은 $360°$이므로
($\bullet + \blacktriangle) \times 2 = 360° - (98° + 82°)$에서
($\bullet + \blacktriangle) = 90°$입니다.

따라서 삼각형 ㄱㅁㄹ은
세 각이 $30°$, $60°$, $90°$인
직각삼각형이고 오른쪽
그림과 같이 삼각형 ㄱㅁ
ㄹ과 똑같은 삼각형 ㄱㅂ
ㅁ을 붙이면 정삼각형이
되므로 선분 ㄱㄹ의 길이

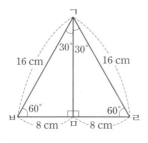

는 선분 ㅁㄹ의 길이의 2배가 되어 $8 \times 2 = 16(\text{cm})$
입니다.

15 중간에 해당하는 날은 1월 1일부터 세어
$(365 + 1) \div 2 = 183(\text{일})$째 되는 날입니다.
따라서 $31 + 28 + 31 + 30 + 31 + 30 = 181$에서
183일째 되는 날은 7월 2일입니다.
5월 5일이 월요일이고 7월 2일까지는

$26 + 30 + 2 = 58(\text{일})$ 후이므로 $58 \div 7 = 8 \cdots 2$에서
수요일입니다.
따라서 네 번째 요일입니다.

16 $1, \left(1, \dfrac{1}{2}\right), \left(1, \dfrac{2}{3}, \dfrac{1}{3}\right), \left(1, \dfrac{3}{4}, \dfrac{2}{4}, \dfrac{1}{4}\right), \cdots$
$1 + 2 + 3 + \cdots + 12 = 78$에서 79번째 수는 1입니다.
또, $1 + 2 + 3 + \cdots + 12 + 13 = 91$에서
100번째 수는 14번째 묶음의 9번째 수인 $\dfrac{6}{14}$
입니다.
따라서 두 수의 차는 $1 - \dfrac{6}{14} = \dfrac{8}{14} = \dfrac{4}{7}$이므로
$\dfrac{4}{7} + \dfrac{4}{7} + \dfrac{4}{7} + \dfrac{4}{7} + \dfrac{4}{7} + \dfrac{4}{7} + \dfrac{4}{7} = \dfrac{28}{7} = 4$입니다.

17 어떤 수를 3으로 나눈 몫과 나머지를 각각 ㉠과 ㉡이라 하면 어떤 수를 20으로 나눈 몫과 나머지는 각각 ㉡과 ㉠입니다.
$3 \times ㉠ + ㉡ = 20 \times ㉡ + ㉠$에서 $2 \times ㉠ = 19 \times ㉡$입니다.
따라서 ㉠$= 19$, ㉡$= 2$일 때, 어떤 수는 가장 작아지므로 어떤 수는 $3 \times 19 + 2 = 59$입니다.

18 ㄱㄴㄷ$\times$ㅁ$= 3138$에서 $3138 = 2 \times 1569$ 또는 $3138 = 3 \times 1046$ 또는 $3138 = 6 \times 523$입니다.
또, ㄱㄴㄷ$\times$ㄹ$= 2092$에서 $2092 = 2 \times 1046$ 또는 $2092 = 4 \times 523$입니다.
(한 자리 수)$\times$(세 자리 수)를 만족하는 것은
$3138 = 6 \times 523$, $2092 = 4 \times 523$이므로 ㄱㄴㄷ은
523, ㄹㅁ은 46입니다.

19 학생 모두에게 6권씩 주면 4권이 남고, 7권씩 주면
$41 - (10 - 7) \times 3 = 32(\text{권})$이 부족한 셈입니다.
따라서 학생은 $(4 + 32) \div (7 - 6) = 36(\text{명})$이므로 공책은 $36 \times 6 + 4 = 220(\text{권})$입니다.

20 곱이 가장 작은 경우는 2467×135이므로 세 자리 수는 135입니다.

21 다음과 같이 6가지 경우가 나오며 이때
㉮$+$㉯$+$㉰$+$㉱의 값이 100보다 작은 홀수일 때
의 ㉰$\times$㉱$= 20 \times 24 = 480$입니다.

㉮	㉯	㉰	㉱	합계
36	1	60	72	169
18	2	30	36	86
12	3	20	24	59
9	4	15	18	46
6	6	10	12	34
3	12	5	6	26

22 ＊ : 두 수를 더하여 2배 하기

★ : 두 수 중 큰 수 쓰기

△ : 두 수의 합을 두 번 곱하기

(□＊8)★39＝(3＋7)×(3＋7)＝100이므로

□＊8＝100입니다.

(□＋8)×2＝100에서 □＋8＝50이므로

□＝42입니다.

23 18×8＋6＋3＋3＋2＋2＋2＝162(개)

24 (1)

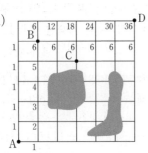

따라서 36가지입니다.

(2)

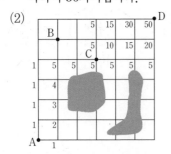

따라서 50가지입니다.

(3)

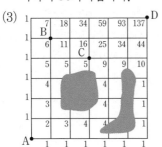

따라서 137가지입니다.

25 (1)

	검은색	흰색
첫 번째	1	
두 번째	1	1×6
세 번째	1＋2×6	1×6
네 번째	1＋2×6	1×6＋3×6
⋮	⋮	⋮

따라서 5번째에 사용된 검은색 바둑돌은

1＋2×6＋4×6＝37(개)입니다.

(2) 1＋1×6＋2×6＋3×6＋4×6＋5×6＋6×6

＝1＋(1＋2＋3＋4＋5＋6)×6＝127(개)

입니다.

(3) 331개의 바둑돌이 사용된 곳을 □번째라 하면

1＋1×6＋2×6＋3×6＋⋯＋(□−1)×6＝331

1＋(1＋2＋3＋⋯＋□−1)×6＝331

1＋2＋3＋⋯＋(□−1)＝55, □＝11

따라서 흰색 바둑돌은

1×6＋3×6＋5×6＋7×6＋9×6＝150(개)

입니다.

제2회 기 출 문 제   137~144

1 467	**2** 100번째
3 ⑤	**4** 1
5 97개	**6** 144초
7 2	**8** 105번
9 305명	**10** 52 g
11 18	**12** 14
13 20°	**14** 500 m
15 44°	**16** 40개
17 56개	**18** 36분
19 13개	**20** 18
21 49개	**22** 780 m
23 50점	**24** 풀이 참조
25 풀이 참조	

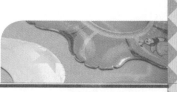

1

$$\begin{array}{ccccc} & \boxed{ㄱ} & \boxed{ㄴ} & \boxed{ㄷ} & 5 & 5 \\ - & & \boxed{ㄱ} & \boxed{ㄴ} & \boxed{ㄷ} \\ \hline & 4 & 6 & 2 & 8 & 8 \end{array}$$

$\boxed{ㄷ}=7$, $\boxed{ㄴ}=6$이므로 $\boxed{ㄱ}=4$입니다.

따라서 467입니다.

2 문제의 분수들의 분모는 6씩 늘어나고 분자는 3씩 늘어나므로 분자와 분모의 합은 6＋3＝9(씩) 늘어납니다. 9씩 □번 늘어난다고 하면 10＋9×□＝901에서 □＝99이므로 99＋1＝100(번째) 분수입니다.

별해

분자와 분모의 합을 늘어놓으면,

10, 19, 28, 37, …, 901

$+9$ $+9$ $+9$

9 18 27 … 900

9의 배수를 생각하여 늘어놓으면

(901－1)÷9＝100(번째)입니다.

3 바르게 계산하면 36.33이며 잘못 계산한 답과의 차는 764.28입니다. 이것은 어떤 소수와 그 소수의 소수점을 빠뜨린 수와의 차이므로 이러한 수를 찾아보면 7.72입니다.

4 1을 제외한 수들을 4개씩 묶으면 일정한 규칙을 찾을 수 있습니다.

$2-3-4+5=0$, $6-7-8+9=0$

$\vdots$

$1998-1999-2000+2001=0$

$2002-2003-2004+2005=0$

따라서 $1+0+0+\cdots+0=1$입니다.

5 남는 자연수의 개수 :

$1\sim9 \rightarrow$ 6개

$10\sim19 \rightarrow$ 7개

$30\sim39 \rightarrow$ 7개

$50\sim59 \rightarrow$ 7개

$60\sim69 \rightarrow$ 7개

$70\sim79 \rightarrow$ 7개

$90\sim99 \rightarrow$ 7개

$100\sim109 \rightarrow$ 7개

$\vdots$

$190\sim199 \rightarrow$ 7개

$6+7\times13=97$(개)

6 A, B 수도관은 모두 1분에 통의 $\frac{1}{6}$씩 채울 수 있고 C 수도관은 2분에 통의 $\frac{1}{6}$씩 채울 수 있습니다.

A, B, C 세 수도관을 동시에 틀면 2분에 $\frac{2}{6}+\frac{2}{6}+\frac{1}{6}=\frac{5}{6}$를 채울 수 있으므로 $\frac{1}{6}$을 채우는 데 120÷5＝24(초)가 걸립니다.

따라서 물통에 물을 가득 채우는 데 걸리는 시간은 24×6＝144(초)입니다.

7 A가 3보다 크거나 같을 경우 가장 큰 수의 일만의 자리의 숫자는 7과 같거나 크고, 가장 작은 수의 일만의 자리의 숫자는 3이 되므로 그 합의 일만의 자리의 숫자는 9가 될 수 없습니다.

A가 2일 때, 가장 큰 수는 75432, 가장 작은 수는 23457이므로 75432＋23457＝98889입니다.

8 한 열쇠로 14번 열어 보면 반드시 한 짝을 맞출 수 있고 2번째는 13번, 3번째는 12번, …, 14번째는 1번 열어 보면 맞출 수 있으므로

14＋13＋12＋…＋1＝105(번) 열어 보아야 합니다.

9 4학년 학생 수의 범위는

최대 : 35×8＋28＝308(명)

최소 : 28×8＋35＝259(명)

308명을 22명씩 짝지어 보면 308÷22＝14로 나누어떨어지므로 짝을 짓지 못한 학생은 없게 됩니다. 19명이 짝을 짓지 못했다는 것은 3명이 부족하다는 것과 같으므로 학생 수는 최대 308－3＝305(명)입니다.

10

$$\begin{array}{c} A+B+C=190 \\ + \quad B+C+D=158 \\ \hline A+2\times(B+C)+D=348 \end{array}$$

$A+2\times(A+D)+D=348$,

$A+D=348\div3=116$

$B+C=A+D=116$이므로

$A+B+C=190$에서 A는 74 g, D는 42 g입니다.

$A+C=B+D+44$, $74+C=B+42+44$,

$C-B=12$

따라서 B＋C＝116, C－B＝12이므로 B는 52 g입니다.

11 세 자리 수의 백의 자리의 숫자와 두 자리 수의 십의 자리의 숫자에 7과 9를 사용하여 여러 가지 곱을 구해 보면 다음과 같습니다.

$751 \times 93 = 69843$

$731 \times 95 = 69445$

$951 \times 73 = 69423$

$931 \times 75 = 69825$

그 곱이 가장 큰 경우 69843과 두 번째로 큰 경우 69825의 차는 18입니다.

12 $AB \times 7$이 두 자리 수이므로 A는 1이고, B는 0, 1, 2, 3, 4가 될 수 있습니다.

그런데 $AB \times C$는 세 자리 수이고, 십의 자리의 숫자가 2이므로 B는 4이고 C는 9입니다.

따라서 나눗셈식은 $1106 \div 14 = 79$이므로 $1 + 4 + 9 = 14$입니다.

13

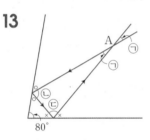

$\bigcirc + \times = 180° - 80° = 100°$

$(각 \bigcirc) + (각 \bigcirc) = 180° \times 2 - (\bigcirc + \times + \bigcirc + \times)$
$= 360° - (100° + 100°) = 160°$

$(각 \bigcirc) = 180° - 160° = 20°$

14 동생은 $5\,km = 5000\,m$를 달리는 데 27분 30초 걸리므로 형이 동시에 결승선에 도착하려면 27분 30초 걸리는 거리에 있어야 합니다.

형은 25분에 $5\,km = 5000\,m$를 달리므로 1분에는 $200\,m$를 달립니다.

따라서 형이 2분 30초에 갈 수 있는 거리는

$200 + 200 + 100 = 500\,(m)$이므로 $500\,m$ 뒤에서 출발해야 합니다.

15

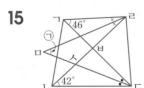

삼각형 ㄱㄹㅂ과 삼각형 ㅂㄴㄷ에서

$46° + \times + \times = 42° + \cdot + \cdot , \quad \cdot = \times + 2°$

삼각형 ㅁㄹㅅ과 삼각형 ㅅㄴㄷ에서

$(각 \bigcirc) + \times = 42° + \cdot$

$(각 \bigcirc) + \times = 42° + (\times + 2°)$

$(각 \bigcirc) = 44°$

16

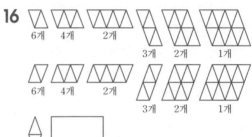

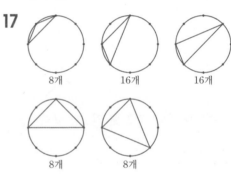

따라서 $(6 + 4 + 2 + 3 + 2 + 1) \times 2 + 3 + 1 = 40(개)$입니다.

17

따라서 $8 + 16 + 16 + 8 + 8 = 56(개)$를 만들 수 있습니다.

18 나 수도꼭지로 1분에 사용하는 물의 양 :

$(90 - 54) \div (26 - 14) = 3(L)$

가, 나 수도꼭지로 1분에 사용하는 물의 양 :

$(216 - 90) \div 14 = 9(L)$

가 수도꼭지로 1분에 사용하는 물의 양 :

$9 - 3 = 6(L)$

따라서 가 수도꼭지로 물을 모두 사용하는 데는 최소한 $216 \div 6 = 36(분)$이 걸립니다.

19 위에서 본 모양의 각 칸에 쌓을 쌓기나무의 개수를 적어 보고, 앞과 옆에서 보았을 때 쌓기나무를 가장 적게 쌓은 경우를 생각합니다.

2	1	
1	3	
1	1	4

따라서 최소 13개가 필요합니다.

20 9+15+21=45이므로 가로, 세로, 대각선의 세 수의 합은 각각 45로 같습니다.

가로에서 ㉮+3+㉯=45이므로 ㉮+㉯=42,
㉰+27+㉱=45이므로 ㉰+㉱=18입니다.

세로에서 ㉮+9+㉰=45이므로 ㉮+㉰=36,
㉯+21+㉱=45이므로 ㉯+㉱=24입니다.

대각선에서 ㉮+15+㉱=45이므로 ㉮+㉱=30,
㉯+15+㉰=45이므로 ㉯+㉰=30입니다.

따라서 ㉮=24, ㉯=18, ㉰=12, ㉱=6이므로 가장 큰 수와 가장 작은 수의 차는 24-6=18입니다.

별해

㉮+㉯=42, ㉰+㉱=18이므로 가장 큰 수는 ㉮ 또는 ㉯이고, 가장 작은 수는 ㉰ 또는 ㉱입니다.

㉮+㉱=30, ㉯+㉰=30이므로 ㉮가 가장 큰 수이면 가장 작은 수는 ㉱, ㉯가 가장 큰 수이면 가장 작은 수는 ㉰입니다.

이때 ㉮+㉰=36, ㉯+㉰=30이므로 ㉮가 ㉯보다 6만큼 더 큰 수임을 알 수 있습니다. 따라서 가장 큰 수와 가장 작은 수의 차 ㉮-㉱는
㉮+㉯=42와 ㉯+㉱=24의 차인
42-24=18입니다.

21 (1) 대각선을 긋지 않았을 때

사각형의 개수는 36개입니다.

(2) 대각선을 그었을 때

(ⅰ) 1개의 대각선을 포함하는 경우 :
①번 대각선을 한 변으로 하는 사각형의 개수는 4개입니다.
같은 방법으로 ②, ③번 대각선을 한 변으로 하는 사각형의 개수도 각각 4개입니다.

(ⅱ) 2개의 대각선을 포함하는 경우 :
①번 대각선과 ③번 대각선을 두 변으로 하는 사각형의 개수는 1개입니다.

따라서 구하는 사각형의 개수는
36+12+1=49(개)입니다.

22 두 사람이 처음 만날 때까지 두 사람이 간 거리의 합은 원의 둘레의 $\frac{1}{2}$과 같고, 처음 만난 후부터 두 번째 만날 때까지 두 사람이 간 거리의 합은 원의 둘레와 같습니다. 즉, 지혜는 출발 후 처음 만날 때까지 간 거리의 2배만큼 간 곳에서 두 번째로 만난 것입니다. 따라서 원의 둘레는 (150×3-60)×2=780(m)입니다.

23 효근이와 한초는 어느 쪽도 7개씩을 옳게 풀었으므로 두 사람은 합하여 14개가 정답입니다. 그런데 두 사람의 표시가 일치하고 있는 것은 4문제뿐입니다. 이 중에 틀린 답이 있으면, 표시가 일치된 것에서의 정답의 합계는 6개와 같거나 더 적고, 표시가 일치하지 않는 곳에서의 정답의 개수는 6문제(=10-4)가 되어 정답의 합계는 14개가 되지 않습니다. 이것으로부터 두 사람의 표시가 일치하고 있는 것은 모두 정답이므로
2번…○, 4번…×, 6번…○, 10번…×가 됩니다.
마찬가지로 하여 효근이와 가영, 한초와 가영이를 생각하면, 어느 쪽도 정답의 합계가 13개이므로 공통의 정답이 적어도 3문제는 있을 것입니다. 그런데 어느 쪽의 경우도 표시가 일치된 것은 3문제뿐입니다.
이 때문에 효근이와 가영이에 대해서는
1번…×, 5번…○, 8번…×가 정답이 되고,
한초와 가영이에 대해서는
3번…×, 7번…○, 9번…×가 정답입니다.
이것으로 10문제 모두의 정답이 결정되며 예슬이는 1, 2, 3, 5, 9번 문제를 맞혀서 50점을 받았습니다.

	1번	2번	3번	4번	5번	6번	7번	8번	9번	10번	점수
효근	×	○	○	×	○	○	×	×	○	×	70
한초	○	○	×	×	×	○	×	○	×	×	70
가영	×	×	×	○	○	×	○	×	×	○	60
예슬	×	○	×	○	○	×	○	×	×	○	50
정답	×	○	○	×	○	○	×	×	×	×	

24

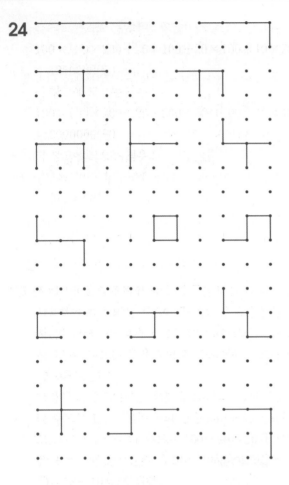

25

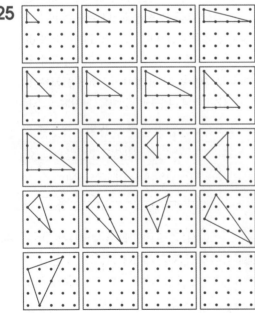

1 900	**2** 414명
3 220개	**4** 72번째
5 50°	**6** 180분
7 79명	**8** 43자루
9 7개	**10** 16개
11 100개	**12** 182°
13 74번째 수	**14** 115
15 636	**16** 46개
17 135	**18** 397초
19 81개	**20** 17개
21 144가지	**22** 17개

23 6

24 (1) 25　　(2) 52　　(3) 36

25 풀이 참조

1 A를 51부터 80까지 늘어놓고 B를 81부터 110까지 늘어놓은 후 순서대로 A와 B의 수를 하나씩 연결하면 B의 수는 A의 수보다 항상 30이 큽니다.
따라서 B는 A보다 $30 \times 30 = 900$만큼 더 큽니다.

2 그림을 그려 알아보면

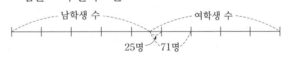

따라서 4학년 전체의 $\frac{1}{9}$은 $71 - 25 = 46$(명)이므로
4학년 전체 학생 수는 $46 \times 9 = 414$(명)입니다.

3 A ├─────────┤
B ├──────────15개──┤ }595개
C ├────15개──25개──┤

(A가 가진 사탕 수)$= \{595 - (15 + 40)\} \div 3$
$= 180$(개)
(C가 가진 사탕 수)$= 180 + 15 + 25$
$= 220$(개)

4 14씩 늘어나는 규칙입니다.
$1000 \div 14 = 71.42\cdots$이므로 71번째에 놓이는 수는

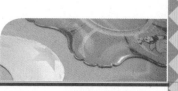

$5+14\times71=999$입니다.

따라서 $999+14=1013$은 72번째에 놓이게 됩니다.

5 $\triangle+\triangle=65°+\triangle$이므로 $\triangle=65°$입니다.

따라서 (각 ㄴㄱㄷ)$=180°-(65°+65°)=50°$입니다.

6 순찰을 하는 총 시간은 10시간 30분입니다. 2명이 한 팀이 되어 교대로 순찰하므로 모두 7명이 교대로 순찰하고 1사람당 2번씩 순찰하게 됩니다.

따라서 한 사람 당 $630\div7\times2=180$(분)씩 순찰해야 합니다.

7 4명씩 앉으면 11명이 서 있고, 5명씩 앉으면

$5\times1+1=6$(명)이 더 앉을 수 있으므로

의자 수 : $(11+6)\div(5-4)=17$(개)

사람 수 : $17\times4+11=79$(명)

8

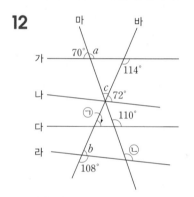

(3등한 반에 줄 연필의 수)

$=(127-7)\div(6+3+1)=12$(자루)

따라서 1등한 반과 2등한 반에 줄 연필 수의 차는

$12\times3+7=43$(자루)입니다.

9 가장 작은 수 : 20024466

두 번째로 작은 수 : 20024468

세 번째로 작은 수 : 20024486

네 번째로 작은 수 : 20024488

다섯 번째로 작은 수 : 20024646

여섯 번째로 작은 수 : 20024648

일곱 번째로 작은 수 : 20024664

여덟 번째로 작은 수 : 20024668

따라서 20024668보다 작은 수는 모두 7개입니다.

10 분모가 2일 때 2보다 큰 분수 :

$\dfrac{5}{2}$, $\dfrac{7}{2}$, $\dfrac{11}{2}$, $\dfrac{13}{2}$, $\dfrac{17}{2}$ ➡ 5개

분모가 3일 때 2보다 큰 분수 :

$\dfrac{7}{3}$, $\dfrac{11}{3}$, $\dfrac{13}{3}$, $\dfrac{17}{5}$ ➡ 4개

분모가 4일 때 2보다 큰 분수 :

$\dfrac{11}{4}$, $\dfrac{13}{4}$, $\dfrac{17}{4}$ ➡ 3개

분모가 5일 때 2보다 큰 분수 :

$\dfrac{11}{5}$, $\dfrac{13}{5}$, $\dfrac{17}{5}$ ➡ 3개

분모가 7일 때 2보다 큰 분수 : $\dfrac{17}{7}$ ➡ 1개

따라서 $5+4+3+3+1=16$(개)입니다.

11 두 번째의 점의 개수는 4개 ⎫ +3개

세 번째의 점의 개수는 7개 ⎬ +3개

네 번째의 점의 개수는 10개 ⎭

점의 개수를 규칙적으로 나열하면

0, 4, 7, 10, 13, 16, 19, 22, …

따라서 34번째의 점의 개수는

$1+3\times33=100$(개)입니다.

12

(각 a)$=180°-70°=110°$이므로

직선 가와 다는 서로 평행합니다.

(각 ㉠)$=180°-114°=66°$

(각 b)$=180°-108°=72°$이므로

직선 나와 라는 서로 평행합니다.

(각 c)$=110°-66°=44°$이므로

(각 ㉡)$=44°+72°=116°$입니다.

따라서 $66°+116°=182°$입니다.

13 $1+9+25+49+81+121+169+225+170=850$

이므로 850은 17을 10개 합한 것까지입니다.

따라서 $1+3+5+7+9+11+13+15+10=74$

(번째) 수까지의 합입니다.

14 $\dfrac{1}{1}+\dfrac{2}{2}+\dfrac{3}{3}+\cdots+\dfrac{19}{19}+\dfrac{20}{20}=\overbrace{1+1+1+\cdots+1}^{20\text{개}}=20$

$\left(\dfrac{1}{3}+\dfrac{2}{3}\right)+\left(\dfrac{1}{5}+\dfrac{2}{5}+\dfrac{3}{5}+\dfrac{4}{5}\right)+\left(\dfrac{1}{7}+\dfrac{2}{7}+\dfrac{3}{7}+\cdots+\dfrac{6}{7}\right)$

$+\cdots+\left(\dfrac{1}{19}+\dfrac{2}{19}+\cdots+\dfrac{18}{19}\right)$

◆◆◆◆ 풀 이 ◆◆◆◆◆◆◆

$$=\frac{3}{3}+\frac{10}{5}+\frac{21}{7}+\cdots+\frac{171}{19}=1+2+3+\cdots+9=45$$

$$\frac{1}{2}+\left(\frac{1}{4}+\frac{2}{4}+\frac{3}{4}\right)+\left(\frac{1}{6}+\frac{2}{6}+\cdots+\frac{5}{6}\right)$$
$$+\cdots+\left(\frac{1}{20}+\frac{2}{20}+\frac{3}{20}+\cdots+\frac{19}{20}\right)$$
$$=\frac{1}{2}+\left(1+\frac{2}{4}\right)+\left(2+\frac{3}{6}\right)+\left(3+\frac{4}{8}\right)+\cdots+\left(9+\frac{10}{20}\right)$$
$$=(1+2+3+\cdots+9)+\left(\frac{1}{2}+\frac{2}{4}+\frac{3}{6}+\cdots+\frac{10}{20}\right)$$
$$=45+5=50$$
$$\Rightarrow 20+45+50=115$$

15 연속된 9개의 수 사이에는 동일한 간격 8개가 생기므로 $32\div8=4$씩 차이가 나도록 늘어놓은 것입니다.
처음 수가 3이므로 □번째 수는 $4\times$□-1입니다.
(8번째 수)$=4\times8-1=31$
(19번째 수)$=4\times19-1=75$
(8번째 수부터 19번째 수까지의 합)
$=(31+75)\times12\div2=636$

16 A 한 개는 28 g이므로 B 한 개는 $28\div7\times5=20(g)$, C 한 개는 $28+20=48(g)$입니다.
B와 C 한 개씩의 무게의 합은 $20+48=68(g)$이고, 사탕 70개 모두 A 라 하면 $70\times28=1960(g)$이므로 B와 C의 개수의 합은
$(2104-1960)\div(68\div2-28)=24(개)$입니다.
따라서 A는 $70-24=46(개)$입니다.

17 $\underset{\text{2개}}{9\times9}=\underset{\text{2개 1개1개}}{81}$, $\underset{\text{2개}}{99\times99}=\underset{\text{1개1개}}{9801}$
$$\underset{\text{3개}}{999}\times\underset{\text{3개}}{999}=\underset{\text{2개 2개}}{998001}$$
$$\underset{\text{4개}}{9999}\times\underset{\text{4개}}{9999}=\underset{\text{3개 3개}}{99980001}$$
$$\vdots$$
$$\underset{\text{15개}}{99\cdots99}\times\underset{\text{15개}}{99\cdots99}=\underset{\text{14개}}{99\cdots99}\underset{\text{14개}}{800\cdots001}$$
$$\Rightarrow 9\times14+8+0\times14+1=135$$

18 2월 19일 오전 10시를 가리켰을 때부터 2월 22일 오후 3시를 가리켰을 때까지인 3일 5시간 동안 시계는 6분 44초+2분 15초=8분 59초 늦게 간 것입니다.
$24\times3+5=77$(시간) 동안 $8\times60+59=539$(초) 늦게 간 것이므로 1시간에 $539\div77=7$(초)씩 늦게 간 것입니다.

따라서 2월 19일 오전 11시를 가리켰을 때, 정확한 시계보다 6분 44초$-$7초=6분 37초 ➡ 397초 더 빨리 가고 있었습니다.

19
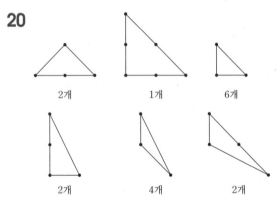

대각선을 긋지 않았을 때 사각형의 수는
$(1+2+3+4)\times(1+2+3)=60(개)$
대각선을 그었을 때 사각형의 수
①번 대각선을 한 변으로 하는 사각형 ➡ 5개
②번 대각선을 한 변으로 하는 사각형 ➡ 5개
③번 대각선을 한 변으로 하는 사각형 ➡ 5개
④번 대각선을 한 변으로 하는 사각형 ➡ 5개
①, ②번 대각선을 두 변으로 하는 사각형 ➡ 1개
따라서 사각형은 모두
$60+5+5+5+5+1=81(개)$입니다.

20

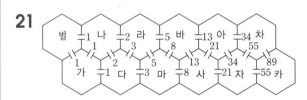

따라서 모두 17개입니다.

21

따라서 $55+89=144(가지)$입니다.

22 $3-2=1$, $7-2-3=2$, $7-3=4$, $2+3=5$,
$7+2-3=6$, $7+3-2=8$, $2+7=9$, $3+7=10$,
$2\times7-3=11$, $2+3+7=12$, $2\times3+7=13$,
$2\times7=14$, $2\times7+3=17$, $3\times7-2=19$,
$3\times7=21$, $3\times7+2=23$, $3\times7\times2=42$
따라서 모두 17개의 자연수를 만들 수 있습니다.

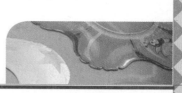
23 가장 작은 직각이등변삼각형의 크기를 1이라 할 때, 다음과 같이 크기가 1, 2, 4, 8, 9, 16인 6개의 직각이등변삼각형을 만들 수 있습니다.

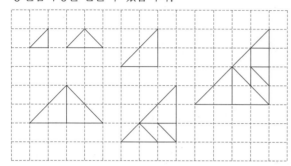

또한, 탱그램의 각 조각들이 나타내는 각도가 45°, 90°, 135° 뿐이므로 이러한 각도들만으로는 60°를 만들 수 없기 때문에 정삼각형은 만들 수 없습니다. 따라서 ㉠=6, ㉡=0이므로 차는 6입니다.

24 (1) ㉮와 ㉯의 관계는 ㉮×2+3=㉯이므로
　　　11×2+3=25
　　(2) ㉮×2+3=107
　　　㉮=(107−3)÷2=52
　　(3) ㉮와 ㉯의 관계는 ㉮×4+5이므로
　　　㉮×4+5=149, ㉮=(149−5)÷4=36

25

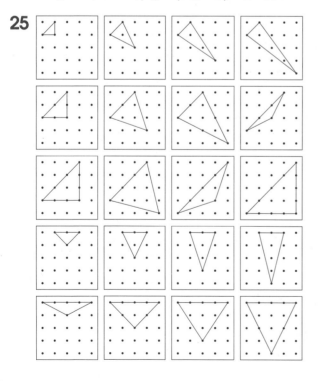

제4회 기 출 문 제　　153~160

1 738	**2** 429개
3 37개	**4** 960 m
5 750 g	**6** 21개
7 215	**8** 960원
9 95점	**10** 544개
11 315초	**12** 71°
13 511개	**14** 333개
15 45 g	**16** 180 g
17 63개	**18** 101명
19 430 cm	**20** 30°
21 900°	**22** 33가지
23 72개	
24 ㉠ : 140, ㉡ : 60	**25** 233종류

1 나머지는 나누는 수보다 작아야 하므로 37보다 작고, 나누어지는 수 37×19+(나머지)의 일의 자리 숫자는 8이므로 나머지의 일의 자리의 숫자는 5입니다. 따라서 (나누어지는 수)=37×19+35=738입니다.

2 두 개의 조건에 알맞은 수는 4.43보다 크고 4.86보다 작은 수이므로 4.431부터 4.859까지의 수입니다.
➡ 4859−4430=429(개)

3 석기와 영수가 가진 구슬 수의 합 : 90개의 $\frac{4}{5}$ ➡ 72개
영수가 가진 구슬 수 : 72−35=37(개)

4 형이 산까지 가는 데 걸린 시간 :
192÷(80−64)=12(분)
집에서 산까지의 거리 : 80×12=960(m)

5 (물 반만의 무게)=9 kg 350 g−5 kg 50 g
　　　　　　　　＝4 kg 300 g
(물통의 무게)=5 kg 50 g−4 kg 300 g=750 g

6 5보다 작은 수가 되려면 자연수 부분이 0 또는 3인 경우입니다.

  ⅰ) 자연수 부분이 0인 경우

    소수 첫째 자리   소수 둘째 자리

        3   5

        5   7

        7   9

        9

  ➡ $4 \times 3 = 12$(개)

  ⅱ) 자연수 부분이 3인 경우

    소수 첫째 자리   소수 둘째 자리

        0   5

                         7

                         9

        5   7

                         9

        7   5

                         9

        9   5

                         7

  ➡ 9개

따라서 모두 $12 + 9 = 21$(개)를 만들 수 있습니다.

7 두 수의 합 241에서 7을 뺀 수는 $8 + 1 = 9$로 나누어떨어지는 수입니다. 즉, $(241 - 7) \div 9 = 26$은 두 수 중 작은 수이며 큰 수는 $26 \times 8 + 7 = 215$입니다.

별해

수직선을 이용해서 생각해 봅니다.

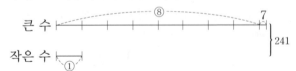

따라서 작은 수는 $(241 - 7) \div (1 + 8) = 26$, 큰 수는 $241 - 26 = 215$입니다.

8 전체의 차는 $60 + 90 \times 2 = 240$(원)이고, 개별의 차는 $120 - 90 = 30$(원)입니다. 따라서 120원짜리 물건의 개수는 $240 \div 30 = 8$(개)이고, 가지고 있는 돈은 $8 \times 120 = 960$(원)입니다.

9 (한 게임마다 벌어지는 점수의 차)$= 4 + 1 = 5$(점)

영수가 한별이보다 40점 더 높으므로

영수가 $40 \div 5 = 8$(번)을 더 이겼습니다.

따라서 영수가 이긴 횟수는 $(40 + 8) \div 2 = 24$(번)이고, 진 횟수는 $40 - 24 = 16$(번)이므로 영수의 점수는 $15 + 24 \times 4 - 16 \times 1 = 95$(점)입니다.

10 구슬은 다음과 같이 놓여 있습니다.

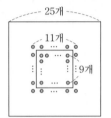

가장 바깥쪽에 놓인 구슬의 개수는 $(25 - 1) \times 4 = 96$(개)이고, 가장 안쪽에 놓인 구슬의 개수는 $96 - 56 = 40$(개)이므로 한 변에 11개씩 놓인 것입니다. 따라서 구슬은 모두 $25 \times 25 - 9 \times 9 = 625 - 81 = 544$(개)입니다.

11 9월 16일 오전 10시를 가리켰을 때부터 9월 19일 오후 3시를 가리켰을 때까지인 3일 5시간 동안 시계는 5분 39초＋2분 3초＝7분 42초 늦게 간 것입니다.

$24 \times 3 + 5 = 77$(시간) 동안 $7 \times 60 + 42 = 462$(초) 늦게 간 것이므로 1시간에 $462 \div 77 = 6$(초)씩 늦게 간 것입니다. 따라서 정확한 시계보다 5분 39초－24초＝5분 15초＝315초 더 빨리 가고 있습니다.

12

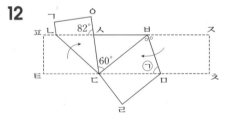

각 ㅂㅅㄷ의 크기는 82°이므로 각 ㅅㅂㄷ의 크기는 $180° - (82° + 60°) = 38°$입니다.

따라서 각 ㅈㅂㅁ의 크기는 $(180° - 38°) \div 2 = 71°$, 각 ㅂㅁㅊ의 크기는 $360° - (90° + 90° + 71°) = 109°$이므로 각 ㅂㅁㄷ의 크기는 $180° - 109° = 71°$입니다.

13 첫 번째 도형에서는 $1 + 2 = 3$(개),

두 번째 도형에서는 $1 + 2 + 4 = 7$(개),

세 번째 도형에서는 $1 + 2 + 4 + 8 = 15$(개),

따라서 여덟 번째에는

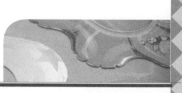
$1+2+4+8+16+32+64+128+256=511$(개)
입니다.

14 i) 네 개의 숫자 모두 같은 경우
➡ 1111, 2222, 3333, …, 9999로 9개

ii) 0이 3번 사용되는 경우
1000, 2000, …, 9000으로 9개

iii) 0을 제외한 숫자가 3번 사용되는 경우
1⑦11, 11ⓛ1, 111ⓒ, ⓔ111에서
⑦, ⓛ, ⓒ에 들어갈 숫자는 각각 0, 2, 3, 4, 5,
6, 7, 8, 9로 9가지, ⓔ에 들어갈 숫자는 2, 3, 4,
5, 6, 7, 8, 9로 8가지이므로 $9×3+8=35$(가지)
따라서 모두 $35×9+18=333$(개)입니다.

15 1g, $3-1=2$(g), 3g, $3+1=4$(g),
$9-(1+3)=5$(g), $9-3=6$(g), $9+1-3=7$(g),
$9-1=8$(g), 9g,
$9+1=10$(g), $9+3-1=11$(g), $9+3=12$(g),
$9+3+1=13$(g), $30-(1+3+9)=17$(g),
$30-(9+3)=18$(g), $30+1-(9+3)=19$(g),
$30-(9+1)=20$(g), $30-9=21$(g),
$30+1-9=22$(g), $30+3-(9+1)=23$(g),
$30+3-9=24$(g), $30+3+1-9=25$(g),
$30-(1+3)=26$(g), $30-3=27$(g),
$30+1-3=28$(g), $30-1=29$(g), 30g,
$30+1=31$(g), $30+3-1=32$(g), $30+3=33$(g),
$30+1+3=34$(g), $30+9-(1+3)=35$(g),
$30+9-3=36$(g), $30+9+1-3=37$(g),
$30+9-1=38$(g), $30+9=39$(g),
$30+1+9=40$(g)입니다.
따라서 잴 수 없는 무게 14 g, 15 g, 16 g이므로
$14+15+16=45$(g)입니다.

16

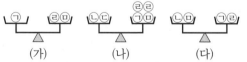

(가)에서 ⑦=ⓔⓜ이므로 (다)의 오른쪽 접시의 ⑦ 대
신에 ⓔⓜ을 넣으면,
ⓛⓜ=ⓔⓔ, ⓛ=ⓔⓔ, 즉 ⓛ은 ⓔ의 2배이므로
ⓛ=300 g, ⓔ=150 g입니다.
마찬가지로 (나)의 오른쪽 접시의 ⑦ 대신에 ⓔⓜ을
넣으면 ⓛⓒ=ⓔⓜⓔⓜ

즉, $300+ⓒ=150+150+150+ⓜⓜ$
그런데, ⓒ과 ⓜ은 30 g과 210 g 중에 하나씩이고,
$300+210=450+30+30$이므로
ⓒ$=210$ g, ⓜ$=30$ g입니다.
따라서 ⑦$=150+30=180$(g)입니다.

17 A 상자에서 B 상자로 옮긴 후 C 상자의 야구공의 개
수를 ①이라 하면 B 상자의 야구공의 개수는 ②, A
상자의 야구공의 개수는 ①+14이고, 선분을 이용하
여 나타내면 다음과 같습니다.

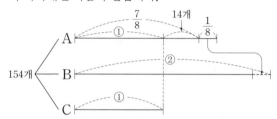

따라서 C 상자의 야구공의 개수는
$(154-14)÷(1+1+2)=35$(개)이고
A 상자의 야구공 개수의 $\frac{7}{8}$은 $35+14=49$(개),
$\frac{1}{8}$은 $49÷7=7$(개)이므로 B 상자에 처음에 들어
있던 개수는 $35×2-7=63$(개)입니다.

18 처음에는 $2007÷4=501…3$이므로 맨 끝에 선 학생
은 3을 부르고, 다음에는 $2007÷5=401…2$이므로
맨 앞에 선 학생은 2를 부릅니다.
뒤에서부터 두 번째 학생이 두 번 부른 번호는 2이고
그 후부터는 4와 5로 공통으로 나누어떨어지는 수 중
가장 작은 수가 20이므로 20번째 학생이 2를 부릅니
다.
$2007-2=2005$(명)을 20명이 한 조가 되게 하면
$2005÷20=100…5$이므로 모두 100조입니다.
따라서 2를 두 번 부른 학생은
$100+1=101$(명)입니다.

19

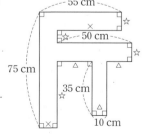

☆표 4개의 길이의 합은 75 cm,

✕표 2개의 길이의 합은 55 cm,

△표 3개의 길이의 합은 50 cm이므로

$(75+55+50+35)\times 2=430(\text{cm})$입니다.

별해

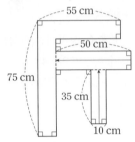

둘레의 길이는

$(75+55)\times 2+50\times 2+35\times 2$

$=260+100+70=430(\text{cm})$

20

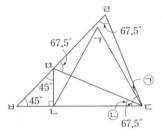

각 ㄴㅂㅁ의 크기와 각 ㄴㄷㅂ의 크기는 45°이고

변 ㅂㄷ과 변 ㅂㄹ의 길이가 같으므로

(각 ㅂㄷㄹ의 크기)=(각 ㅂㄹㄷ의 크기)=67.5°입니다.

각 ㄴㄷㄱ의 크기는 60°이므로 각 ㉠의 크기는

$67.5°-60°=7.5°$입니다.

변 ㄷㄹ과 변 ㄷㅁ의 길이가 같으므로

(각 ㄷㄹㅁ의 크기)=(각 ㄷㄹㅁ의 크기)

　　　　　　　　$=67.5°$

(각 ㅁㄷㄹ의 크기)=$180°-(67.5°+67.5°)$

　　　　　　　　$=45°$

각 ㉡의 크기는 $67.5°-45°=22.5°$입니다.

따라서 각 ㉠과 각 ㉡의 크기의 합은

$7.5°+22.5°=30°$입니다.

21

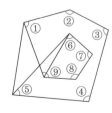

보조선을 왼쪽과 같이 그어 생각하면 결국 오각형의 다섯 각의 합과 사각형의 네 각의 합을 더한 것과 같습니다.

따라서 $540°+360°=900°$입니다.

22

따라서 모두 33가지입니다.

23

사각형 ㄱㄴㄷㄹ에서 찾을 수 있는 별이 포함된 사각형의 개수는 별이 있는 가로 부분에서 찾을 수 있는 개수와 세로 부분에서 찾을 수 있는 개수와의 곱과 같으므로 $6\times 8=48$(개)입니다.

마찬가지로 사각형 ㅁㅂㄷㅅ에서는 $12\times 4=48$(개)이고, 겹치는 부분인 사각형 ㄴㄷㅅㅇ에서는

$6\times 4=24$(개)이므로 $48+48-24=72$(개)입니다.

24

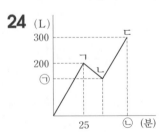

위 그래프에서 처음부터 ㄱ지점까지 200 L의 물이 25분 동안 들어갔으므로

1분에 $200\div 25=8(\text{L})$씩 들어간 것입니다.

ㄱㄴ구간에서는 물을 넣으면서 동시에 1분에 12 L씩

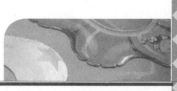

빼내므로 1분에 12−8=4(L)씩 줄어드는 셈입니다.
따라서 줄어든 물의 양은 4×15=60(L)이므로
㉠은 200−60=140(L)입니다.
ㄴㄷ구간에서는 물을 넣는 데 걸리는 시간은
(300−140)÷8=20(분)이므로
㉡은 40+20=60(분)입니다.

25 규칙을 찾아보면 다음과 같습니다.

벽돌의 개수	직사각형의 종류 수(개)
1	1
2	2
3	3(=1+2)
4	5(=2+3)
5	8(=3+5)
6	13(=5+8)
7	21(=8+13)
8	34(=13+21)
9	55(=21+34)
10	89(=34+55)
11	144(=55+89)
12	233(=89+144)

앞의 두 수를 더하여 뒤의 수가 되는 규칙 (파보나치
수열)이 있습니다.
따라서 벽돌 12장을 사용하면 모두 233종류를 만들
수 있습니다.

제5회 **기 출 문 제** **161~168**

1 51	**2** 300 g
3 7일	**4** 7개
5 182개	**6** 200 g
7 900 kg	**8** 196 cm
9 61	**10** 513
11 18명	**12** 84개
13 36번째	**14** 90명
15 135	**16** 3개
17 273개	**18** 7가지

---

19 18번	**20** 38°
21 167개	**22** 4개
23 14	
24 (1) 15개	(2) 5개 (3) 7500원
25 (1) 549	(2) □=11, △=15

1 A×B=153이 되는 경우는 1×153, 3×51, 9×17
이고, 이 중 A÷B=17이 되는 경우는 51÷3=17입
니다.
따라서 A의 값은 51입니다.

2 (참외 2개의 무게)+(복숭아 5개의 무게)
　+(바구니의 무게)=(전체 무게)
400 g×2+(복숭아 1개의 무게)×5+500 g
　=2 kg 800 g
그러므로 복숭아 1개의 무게는
(2 kg 800 g−800 g−500 g)÷5=300(g)입니다.

3 2009년 1월 1일은 366일 뒤이므로
366÷7=52 … 2에서 목요일입니다.
그 후 30+28+31+30+1=120(일) 뒤는 5월 1일
이며 이 날은 120÷7=17…1에서 금요일입니다.
따라서 2009년 5월의 첫째 번 목요일은 5월 7일입니
다.

4 □명의 사람에게 나누어 준다고 하면

3개 차이 ⟨ 5개 —×□→ 14개 남음 / 8개 —×□→ 7개 부족 ⟩ 21개 차이

따라서 사람 수는 21÷3=7(명),
귤 수는 5×7+14=49(개)이므로
한 사람당 49÷7=7(개)씩 주면 됩니다.

5 전체의 차는 28개, 개별의 차는 13−9=4(개)이므로
주머니 개수는 28÷4=7(개)입니다.
따라서 구슬 수는 (9+13)×7+28=182(개)입니다.

6 간장의 $\frac{1}{5}$의 무게가 (950−650)÷2=150(g)이므로
간장의 무게 : 150×5=750(g)
병의 무게 : 950−750=200(g)

7 540 kg씩 실어간 후 ㉮ 더미에 있는 모래는
240÷(3−1)=120(kg)이므로

처음에 ㉯ 더미에 있던 모래는
$120 \times 3 + 540 = 900\,(\mathrm{kg})$입니다.

8

도형 가의 둘레는 $(40+28) \times 2 = 136\,(\mathrm{cm})$,
도형 나의 남은 둘레는 $30 \times 2 = 60\,(\mathrm{cm})$이므로
$136 + 60 = 196\,(\mathrm{cm})$입니다.

9 (분모)$=(48-9) \div 3 = 13$이고,
(분자)$=13 \times 4 + 9 = 61$입니다.

10 A 수도관으로 15초 동안 들어간 물의 양은
$15 \times 150 = 2250\,(\mathrm{g})$입니다.
A 수도관과 B 수도관은 매초 $180 - 150 = 30\,(\mathrm{g})$씩
차이가 나므로 동시에 넣은 시간은
$2250 \div 30 = 75\,(초)$ 동안입니다.
따라서 $75 \times 180 = 13500\,(\mathrm{g})$ ➡ 13 kg 500 g이므로
$13 + 500 = 513$입니다.

11 1명의 학생이 1분 동안 하는 일의 양을 ①로 하면,
$36 \times 50 + 24 \times 30 = ㉒㈤㉒⓪$은 전체 일의
$1 - \dfrac{1}{8} = \dfrac{7}{8}$에 해당하므로
전체 일의 $\dfrac{1}{8}$은 $2520 \div 7 = ㉜㉛⓪$입니다.
따라서, $360 \div 20 = 18\,(명)$이 일을 하면 됩니다.

12 한 번 에워쌀 때마다 바둑돌은 8개씩 더 필요하므로
첫 번째로 에워싸는데 필요한 흰색 바둑돌은
$(192 - 8) \div 2 = 92\,(개)$입니다.
따라서 검은색 바둑돌은 $92 - 8 = 84\,(개)$입니다.

13 각 분수의 분모와 분자의 차는 344, 334, 324, 314,
304, …이므로 10씩 작아집니다.
$344 \div 10 = 34 \cdots 4$에서 35번째 수까지는 진분수이
므로 처음으로 가분수가 되는 것은 36번째입니다.

14 20명까지의 입장료는 $800 \times 20 = 16000\,(원)$,
21명째부터 50명까지의 입장료는
$650 \times 30 = 19500\,(원)$이므로
50명을 넘은 사람 수는

$(57500 - 16000 - 19500) \div 550 = 40\,(명)$입니다.
따라서 이 단체의 사람은 모두 $50 + 40 = 90\,(명)$입니다.

15 왼쪽 그림과 같이 평행한 두 면의 눈의 수의
합은 7입니다. 다른 경우도 마찬가지로 평
행한 두 면의 눈의 수의 합은 항상 7이므로
$7 \times 3 \times 3 \times 3 = 189$입니다.
밑면의 수는 제외해야 하므로
$189 - 54 = 135$입니다.

16 가지고 있는 돈을 ㊱으로 하면
가 하나의 값은 $㊱ \div 36 = ①$,
나 하나의 값은 $㊱ \div 18 = ②$,
다 하나의 값은 $㊱ \div 12 = ③$,
라 하나의 값은 $㊱ \div 6 = ⑥$이므로
$㊱ \div (① + ② + ③ + ⑥) = 3\,(개)$씩 살 수 있습니다.

17

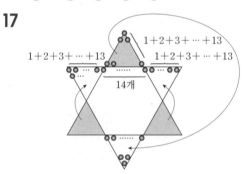

따라서 $(1 + 2 + 3 + \cdots + 13) \times 3 = 273\,(개)$입니다.

18 네 자리의 자연수를 ㄱㄴㄷㄹ이라고 할 때, 거꾸로 나
열하여 만든 수는 ㄹㄷㄴㄱ이 됩니다.
ㄱ>ㄹ이라면, 두 수의 차는 다음과 같습니다.

$$\begin{array}{r} ㄱ\,ㄴ\,ㄷ\,ㄹ \\ -\ ㄹ\,ㄷ\,ㄴ\,ㄱ \\ \hline \end{array}$$

두 수의 차를 가장 작게 하려면, 천의 자리의 숫자에서
ㄱ은 ㄹ보다 1 큰 수가 되어야 하며, ㄷㄴ은 ㄴㄷ보다
최대한 커야 합니다.
즉, ㄷ$=9$, ㄴ$=0$이어야 합니다.
따라서 2091과 1902, 3092와 2903, 4093과 3904,
5094와 4905, 6095와 5906, 7096과 6907, 8097과
7908로 모두 7가지이며, 두 수의 차는 189입니다.

19 예슬이가 33번을 모두 이겼다고 가정하면
$33 \times 5 = 165\,(계단)$을 올라가야 하는데 실제로는 45
계단이며 한 번 질 때마다 $5 + 3 = 8\,(계단)$씩 내려가게
되므로 $(165 - 45) \div (5 + 3) = 15\,(번)$ 진 셈입니다.

따라서 예슬이는 $33-15=18$(번) 이겼습니다.

20

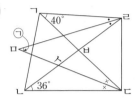

삼각형 ㄱㄹㅂ과 삼각형 ㅂㄴㄷ에서
$40°+●+● = 36°+×+×$, $× = ●+2°$
삼각형 ㅁㄹㅅ과 삼각형 ㅅㄴㄷ에서
(각 ㉠) $+● = 36°+×$
(각 ㉠) $+● = 36°+(●+2)$
(각 ㉠) $= 38°$

21

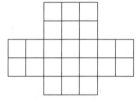

위 그림에서 찾을 수 있는 사각형의 개수
$(1+2+3+4+5+6+7)×(1+2)$
$+(1+2+3)×(1+2+3+4+5)$
$-(1+2+3)×(1+2)$
$=84+90-18=156$(개)

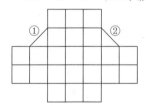

위 그림에서 선분 ①을 포함하는 사각형의 개수는 6개,
선분 ②를 포함하는 사각형의 개수는 6개, 선분 ①과
②를 동시에 포함하는 사각형의 개수는 1개이므로
$6+6-1=11$(개)
따라서 찾을 수 있는 크고 작은 사각형은 모두
$156+11=167$(개)입니다.

22 구슬 3개의 합은 홀수가 되고, 홀수를 7번 더한 것도
홀수가 됩니다. 따라서 $(3+5+7)×7=105$보다 크
거나 같고 $(7+9+11)×7=189$보다 작거나 같은
수 중 홀수인 것을 찾으면 129, 177, 179, 185이므로
4개입니다.

23 $▲+★+■+●=100$,

$(★+▲)×2=88$, $★+▲=44$,
$■+●=100-44=56$,
$■+■+▲+★=70$에서
$■=(70-44)÷2=13$,
$●=56-13=43$입니다.
따라서 $▲+★+■-●=44+13-43=14$입니다.

24 (1) 사과와 귤의 개수를 반대로 하여 살 경우
$26500-20500=6000$(원) 더 필요하므로
귤은 사과보다 $6000÷(700-300)=15$(개) 더
많습니다.
(2) 귤과 배의 개수를 반대로 하여 살 경우
$38500-20500=18000$(원) 더 필요하므로
귤은 배보다 $18000÷(1200-300)=20$(개) 더
많습니다.
따라서 사과는 배보다 $20-15=5$(개) 더 많습니
다.

(3)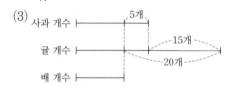

산 귤의 개수는
$(20500+700×15+1200×20)÷(700+300$
$+1200)=25$(개)
따라서 귤을 사는 데 든 돈은
$300×25=7500$(원)입니다.

25 위에서 첫째 줄에 있는 수들의 규칙을 살펴보면,

1	5	7	19	21 …
↓	↓	↓	↓	↓
$(1×1)$	$(2×2+1)$	$(3×3-2)$	$(4×4+3)$	$(5×5-4)$

왼쪽에서 첫째 줄에 있는 수들의 규칙을 살펴보면,

1	3	11	13	29 …
↓	↓	↓	↓	↓
$(1×1)$	$(2×2-1)$	$(3×3+2)$	$(4×4-3)$	$(5×5+4)$

(1) (4, 8)은 (11, 1)보다 $2×(8-1)=14$ 큰 수이
고, (11, 1) $=11×11-10=111$이므로
(4, 8) $=111+14=125$입니다.

(6, 3)은 (8, 1)보다 $2×(3-1)=4$ 작은 수이
고, (8, 1) $=8×8+7=71$이므로
(6, 3) $=71-4=67$입니다.

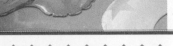

정 답 과 풀 이 ◆◆◆◆◆◆◆

$(15, 8)$은 $(22, 1)$보다 $2 \times (8-1) = 14$ 작은 수
이고, $(22, 1) = 22 \times 22 + 21 = 505$이므로
$(15, 8) = 505 - 14 = 491$입니다.
따라서 $125 - 67 + 491 = 549$입니다.
(2) $25 \times 25 = 625$이므로
$(25, 1) = 25 \times 25 - 24 = 601$이고
$(24, 2) = 603$, $(23, 3) = 605$, …
따라서 $629 - 601 = 28$, $28 \div 2 = 14$에서
$629 = (25 - 14, 1 + 14) = (11, 15)$입니다.
그러므로 □$= 11$, △$= 15$입니다.

| 제6회 기 출 문 제 | 169~176 |

1 55	**2** 347
3 73°	**4** 169가지
5 75°	**6** 4
7 10장, 55장	**8** 89 cm
9 64	**10** 400
11 27개	**12** 13개
13 112분	**14** $2\frac{4}{5}$
15 24개	**16** 485개
17 11행	**18** 41
19 8.04	**20** 643
21 1개	**22** 360°
23 20분	
24 풀이 참조, 1시 20분	
25 (1) 25 (2) 6 (3) 172	

1 10억이 35개, 1000만이 38개, 1만이 616개, 100이
436개, 1이 51개인 수는 35386203651입니다.
40886203651과 35386203651의 차이는 55억이므로
□ 안에 알맞은 수는 55입니다.

2 어떤 세 자리 수를 ㉠㉡㉢이라 하면 어떤 수의
$\frac{1}{10}$배는 ㉠㉡.㉢이고 어떤 수의 $\frac{1}{100}$배는
㉠.㉡㉢입니다.

$$\begin{array}{r} ㉠㉡.㉢ \\ + \quad ㉠.㉡㉢ \\ \hline 3\ 8.1\ 7 \end{array}$$

㉢$=7$, $7 + ㉡ = 11$ ➡ ㉡$= 4$
$1 + 4 + ㉠ = 8$ ➡ ㉠$= 3$
따라서 어떤 세자리 수는 347입니다.

3 (각 ㄱㄹㄷ) = (각 ㅁㄹㅂ)
$= 180° - (29° + 29°)$
$= 122°$
(각 ㄴㄷㄹ) $= 180° - 110° = 70°$
사각형 ㄱㄴㄷㄹ의 네 각의 크기의 합은 360°이므로
(각 ㉮) $= 360° - (95° + 122° + 70°) = 73°$입니다.

4

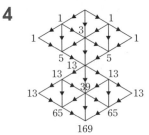

➡ 169가지

5 사각형 ㄱㄴㄷㄹ에서 180°보다 큰 각은
$360° - 116° = 244°$
(각 ㄱㄴㄷ) $= 360° - (19° + 244° + 22°) = 75°$

6 ★★★$\div$★★$=10\cdots$★에서 나머지가 8이므로
★$=8$입니다.
■■■■$\div$■■$=10\cdots$■에서 나머지가 2이므로
■$=2$입니다.
따라서 ★$\div$■$=8\div2=4$입니다.

7 빨강 : 50장, 파랑 : 25장, 노랑 : 30장,
보라 : 15장
① 빨간색 색종이가 가장 많은 경우 :
➡ (초록색 색종이 수) $= 50 - 40 = 10$(장)
② 초록색 색종이가 가장 많은 경우 :
➡ (초록색 색종이 수) $= 15 + 40 = 55$(장)

8 ① 1 cm
② $1 + 1 = 2$(cm)
③ $1 + 2 = 3$(cm)
④ $2 + 3 = 5$(cm)
⑤ $3 + 5 = 8$(cm)
⑥ $5 + 8 = 13$(cm)
⑦ $8 + 13 = 21$(cm)
⑧ $13 + 21 = 34$(cm)

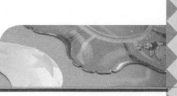

⑨ $21+34=55(cm)$
⑩ $34+55=89(cm)$

9 ★■▲×★의 계산 결과가 네 자리 수이므로 ★은 1이
될 수 없습니다.
▲×★의 일의 자리 숫자가 ▲인 경우는
(▲, ★)이 (2, 6), (4, 6), (5, 3), (5, 7), (5, 9),
(8, 6)일 때입니다.
이때 ▲×▲의 일의 자리 숫자가 ★이 되는 경우는
(4, 6)입니다.
따라서 ★=6, ▲=4이므로 구하려는 두 자리 수는
64입니다.

10
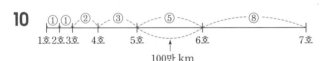

1호와 2호 사이의 거리를 ①이라 하면
5호와 6호 사이의 거리는 ⑤이므로
①=100만÷5=20만(km)입니다.
따라서 1호와 7호 사이의 거리는
20만×20=400만(km)입니다.

11 ■=3일 때 ㉮=32×3+3=99
■=4일 때 ㉮=32×4+4=132
...
■=30일 때 ㉮=32×30+30=990
■=31일 때 ㉮=32×31+31=1023
따라서 조건을 만족하는 ㉮의 값 중 세 자리 수는 모
두 30−3=27(개)입니다.

12 (7, 8, 9), (7, 8, 12), (7, 9, 11),
(7, 10, 13), (7, 11, 12), (8, 9, 10),
(8, 9, 13), (8, 10, 12), (8, 12, 13),
(9, 10, 11), (9, 11, 13), (10, 11, 12),
(11, 12, 13)
➡ 13개

13 ㉯ 시계가 오전 9시부터 오후 3시 24분까지
6시간 24분=384분을 가는 동안 정확한 시계는
384÷48=8(시간)을 갑니다.
㉮ 시계와 ㉯ 시계는 정확한 시계가 1시간을 가는 동
안 2+12=14(분)씩 차이가 나므로 ㉯ 시계가 오후

3시 24분을 가리킬 때 ㉮와 ㉯ 두 시계는
14×8=112(분)의 차이가 납니다.

14

$3\frac{1}{5}$	$\frac{2}{5}$	$\frac{3}{5}$	
		㉢	$1\frac{3}{5}$
$1\frac{4}{5}$	$1\frac{2}{5}$	$1\frac{1}{5}$	
$\frac{4}{5}$	㉠	3	㉡

$3\frac{1}{5}+\frac{2}{5}+\frac{3}{5}=\frac{4}{5}+1\frac{2}{5}+㉢$에서 $㉢=2$

네 수의 합은 $\frac{3}{5}+2+1\frac{1}{5}+3=6\frac{4}{5}$입니다.

$㉠+㉡=6\frac{4}{5}-\frac{4}{5}-3=3$이므로

$㉠+㉠=3+2\frac{3}{5}=5\frac{3}{5}=4\frac{8}{5}$이고

$4\frac{8}{5}=2\frac{4}{5}+2\frac{4}{5}$에서 $㉠=2\frac{4}{5}$입니다.

15 각각의 둔각을 이용하여 찾을 수 있는 둔각삼각형의
개수를 나타내면 다음과 같습니다.

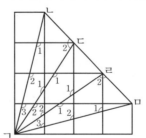

따라서 크고 작은 둔각삼각형은
(3+2+1)+(2+1+1+2)+(2+1+1+2)
+(3+2+1)=24(개)입니다.

16 첫째 번 : 4+1=5(개)
둘째 번 : (5×3)+2=17(개)
셋째 번 : (17×3)+2=53(개)
넷째 번 : (53×3)+2=161(개)
다섯째 번 : (161×3)+2=485(개)

17 729=27×27이므로 729는 27행 27열에 있는 수입
니다. 즉, 표의 행의 개수와 열의 개수는 각각 27개씩
입니다.

1행의 수를 모두 더하면
$(1+27) \times 27 \div 2 = 378$,
2행의 수를 모두 더하면 $2 \times 378 = 756$,
3행의 수를 모두 더하면 $3 \times 378 = 1134$, …
입니다.
따라서 $4158 \div 378 = 11$이므로 4158은 11행의 수를
모두 더한 것입니다.

18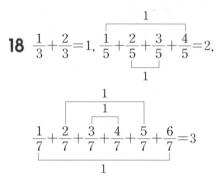
$\dfrac{1}{3}+\dfrac{2}{3}=1, \quad \dfrac{1}{5}+\dfrac{2}{5}+\dfrac{3}{5}+\dfrac{4}{5}=2,$

$\dfrac{1}{7}+\dfrac{2}{7}+\dfrac{3}{7}+\dfrac{4}{7}+\dfrac{5}{7}+\dfrac{6}{7}=3$

분모가 홀수이면서 분자가 1부터 분모보다 1 작은 수
까지 연속하는 진분수의 합은 진분수의 개수의 반입니
다. 따라서 진분수의 개수는
$20 \times 2 = 40$(개)이므로
□$= 40 + 1 = 41$입니다.

19 바르게 계산하면 41.43이므로 잘못 계산한 답과의 차
는 795.96입니다.
이것은 어떤 소수와 그 소수의 소수점을 빠뜨린 수와
의 차이므로 이러한 수를 찾아보면 8.04입니다.

20 가장 큰 수 : 928, 가장 작은 수 : 285
➡ $928 - 285 = 643$

21 오른쪽 종이를 왼쪽으로 3번 뒤집고, 시계 방향으로
90°만큼 5번 돌렸을 때의 모양은 다음과 같습니다.

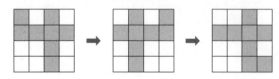

(색칠한 칸의 점의 수)
$= 1+2+3+4+1+4+3+2 = 20$
(색칠하지 않은 칸의 점의 수)
$= 1+4+3+4+1+1+5+2 = 21$
➡ $21 - 20 = 1$(개)

22 오각형의 5개의 각도의 합은 $180° \times 3 = 540°$이므로
㉠, ㉡, ㉢, ㉣, ㉤, ㉥, ㉦, ㉧, ㉨, ㉩ 10개의 각도의
합은 $180° \times 5 - 540° = 360°$입니다.

23 (가 수도꼭지로 1분에 넣는 물의 양)
$= 40 \div 8 = 5$(L)
(나 수도꼭지로 1분에 넣는 물의 양)
$= \{40 - (5 \times 2)\} \div 10 = 3$(L)
따라서 나 수도꼭지만으로 들이가 60 L인 빈 물통을
가득 채운다면 $60 \div 3 = 20$(분)이 걸립니다.

24

그림에서 가로로 한 칸 가는 데 10분, 세로로 한 칸 가
는 데 20분 걸립니다. 또, C 지점은 A 지점으로부터
6 km 떨어져 있으므로 세로의 눈금이 6일 때, 가로의
눈금은 1시 20분입니다.

25 (1) 3열 1행의 수
$(3, 1) = 1 + 2 + 1 = 4$
5열 1행의 수
$(5, 1) = 1 + 2 + 3 + 4 + 1 = 11$이므로
7열 1행의 수
$(7, 1) = 1 + 2 + 3 + 4 + 5 + 6 + 1 = 22$입니다.
따라서
$(4, 4) = 22 + 3 = 25$입니다.
(2) $(2, 3) = 8$
$(5, 3) = (7, 1) + 2 = 22 + 2 = 24$
$(3, 5) = (7, 1) + 4 = 22 + 4 = 26$
➡ $(2, 3) + (5, 3) - (3, 5)$
$= 8 + 24 - 26 = 6$
(3) $(19, 1)$
$= 1 + 2 + 3 + \cdots + 16 + 17 + 18 + 1$
$= (1 + 18) \times 18 \div 2 + 1$
$= 171 + 1 = 172$

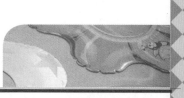

1 5246	**2** 6개
3 975	**4** 14
5 144	**6** 9
7 64 kg	**8** 10번째
9 6 cm	**10** 2178
11 8	**12** 24개
13 54개	**14** 43°
15 65°	**16** 21가지
17 25°	**18** 133개
19 99	**20** 150°
21 144초	**22** 42°
23 16°	
24 4가지, 2.7, 3.1, 3.5, 3.9	
25 53개	

1 $(26+146) \times (73-12) \div 2 = 5246$

2 $47 \times 14 = 658$이고 $47 \times 15 = 705$이므로 구하는 세 자리 수는 658보다 크고 705보다 작습니다.
674, 675, 678, 684, 685, 687 ➡ 6개

3 세 자리 자연수의 각 자리 숫자의 합이 가장 크려면 백의 자리 숫자는 9이고, 75로 나누어떨어져야 하므로 일의 자리 숫자는 5입니다.
$75 \times 11 = 825$, $75 \times 13 = 975$에서 각 자리 숫자의 합이 가장 큰 세 자리 수는 975입니다.

4 바르게 계산하면 $(3.23+3.32) \times 5 = 32.75$이므로 잘못 계산한 값과의 차는
$358.46 - 32.75 = 325.71$입니다.
이것은 어떤 소수와 그 소수의 소수점을 빠뜨린 수와의 차입니다.

$$\begin{array}{r} ㉠㉡㉢ \\ - \quad ㉠.㉡㉢ \\ \hline 3\,2\,5\,.\,7\,1 \end{array} \Rightarrow ㉠=3, ㉡=2, ㉢=9$$

따라서 $㉠+㉡+㉢ = 3+2+9 = 14$입니다.

5 $1+2+3+\cdots+16 = 136$

$$\frac{1}{17} + \frac{2}{17} + \frac{3}{17} + \cdots + \frac{16}{17} = \frac{136}{17} = 8$$

➡ $136+8 = 144$

6 차의 일의 자리 숫자가 6이므로
$12-6=6$, $13-7=6$에서
㉮는 2 또는 7이라 생각할 수 있습니다.
㉮=2일 때 $65432-23456=41976$
㉮=7일 때 $76543-34567=41976$
따라서 ㉮가 될 수 있는 숫자의 합은 $2+7=9$입니다.

7 $㉯-8 = ㉮+8$, $㉯ = ㉮+16$
$(㉮-8) \times 3 = ㉯+8$
$(㉮-8) \times 3 = (㉮+16)+8 = ㉮+24$
$㉮ \times 3 - 24 = ㉮+24$
$㉮ \times 2 = 48$, $㉮ = 24$, $㉯ = 24+16 = 40$
따라서 $㉮+㉯ = 24+40 = 64$(kg)

8 $1 \times 2 \times 3 \times \cdots \times 18 \times 19 \times 20$
$= 1 \times 2 \times 3 \times (2 \times 2) \times 5 \times (2 \times 3) \times 7$
$\quad \times (2 \times 2 \times 2) \times 9 \times (2 \times 5) \times 11$
$\quad \times (2 \times 2 \times 3) \times 13 \times (2 \times 7) \times 15$
$\quad \times (2 \times 2 \times 2 \times 2) \times 17 \times (2 \times 3 \times 3) \times 19$
$\quad \times (2 \times 2 \times 5)$

주어진 식은 2가 18번 곱해져 있으므로 4가 9번 곱해진 것과 같습니다. 따라서 4로 9번 나누어떨어지고 10번째에는 나누어떨어지지 않습니다.

9 12분 동안 탄 양초의 길이는
$20 - 18\frac{3}{5} = 1\frac{2}{5}$(cm)이므로
2시간 동안 탄 양초의 길이는 $1\frac{2}{5}$ cm를
10번 더한 길이와 같습니다.
따라서 2시간 동안 탄 양초의 길이는
$10 + \frac{20}{5} = 14$(cm)이므로
남은 양초의 길이는 6 cm입니다.

10 가장 큰 수 : 786312409
두 번째로 큰 수 : 786310924
세 번째로 큰 수 : 786243109
네 번째로 큰 수 : 786240931
따라서 세 번째로 큰 수와 네 번째로 큰 수의 차는 2178입니다.

11 규칙을 찾아보면

㉠ $(2+3) \times 3 - 5 = 10$

㉡ $(3+4) \times 4 - 6 = 22$

㉢ $(6+5) \times 5 - 7 = 48$

따라서 $(㉮+7) \times 7 - 5 = 100$에서

㉮$=8$입니다.

12 삼각형 ㄱㄴㅇ, 삼각형 ㄱㄷㅅ, 삼각형 ㄱㄹㅂ과 크기가 같은 삼각형이 각각 8개씩이므로 그릴 수 있는 이등변삼각형은 $8 \times 3 = 24$(개)입니다.

13 만들 수 있는 정다각형은 정삼각형과 정육각형입니다.

작은 삼각형 1개로 이루어진 정삼각형 : 25개

작은 삼각형 4개로 이루어진 정삼각형 : 13개

작은 삼각형 9개로 이루어진 정삼각형 : 6개

작은 삼각형 16개로 이루어진 정삼각형 : 3개

작은 삼각형 25개로 이루어진 정삼각형 : 1개

작은 삼각형 6개로 이루어진 정육각형 : 6개

➡ $25 + 13 + 6 + 3 + 1 + 6 = 54$(개)

14

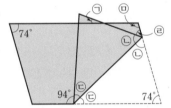

㉺$=180° - 74° = 106°$

㉢$=(180° - 94°) \div 2 = 43°$

㉡$=180° - (43° + 74°) = 63°$

㉣$=180° - 63° \times 2 = 54°$

㉠$=180° - (106° + 54°) = 20°$

따라서 ㉡$-㉠ = 63° - 20° = 43°$입니다.

15

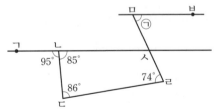

직선 ㄱㄴ의 연장선과 선분 ㅁㄹ이 만난 점을 ㅅ이라 하면

$(각 ㄴㅅㄹ) = 360° - 85° - 86° - 74° = 115°$

이므로

$(각 ㉠) = (각 ㄴㅅㅁ) = 180° - 115° = 65°$입니다.

16

1×1	2×2	3×4	4×4	6×8
1×2	2×3	3×8	4×6	8×12
1×3	2×4		4×8	
1×4	2×6		4×12	
1×6	2×8			
1×8	2×12			
1×12				

➡ $7 + 6 + 2 + 4 + 2 = 21$(가지)

17 $(각 ㄴㄹㄷ) = 180° - 65° - 50° - 35° = 30°$

$(각 ㄴㄷㄱ) = 180° - 30° - 30° - 50° = 70°$

삼각형 ㄱㄷㄹ과 삼각형 ㄴㄷㄹ은 이등변삼각형이므로 $(선분 ㄴㄷ) = (선분 ㄷㄹ) = (선분 ㄱㄷ)$

따라서 삼각형 ㄱㄴㄷ은 이등변삼각형이므로

$(각 ㄱㄴㄹ) = (180° - 70°) \div 2 - 30° = 25°$

입니다.

18

직사각형 ㄱㄴㄷㄹ과 직사각형 ㅁㅂㅅㅇ에서 찾을 수 있는 직사각형은 각각

$(1+2+3+4) \times (1+2+3) = 60$(개)씩이므로

모두 $60 \times 2 = 120$(개)입니다. ⋯ ㉠

1 , 2 , 1 2 는 중복되므로 빼야 하고,

3 , 4 , 5 , 6 을 포함하면서 ㉠과 중복되지 않는 직사각형은 $6 \times 2 = 12$(개),

7 , 8 을 포함하면서 ㉠과 중복되지 않는 직사각형은 $2 \times 2 = 4$(개) 있으므로 더합니다.

따라서 찾을 수 있는 직사각형의 개수는 모두

$120 - 3 + 12 + 4 = 133$(개)입니다.

19 ㉠이 홀수 번일 때

㉡은 짝수 번, ㉢은 $4 \times \square + 2$(번) 돌려야 하고

㉠이 짝수 번일 때

㉡은 홀수 번, ㉢은 $4 \times \square$(번) 돌려야 합니다.

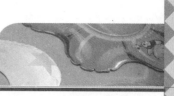

㉠이 홀수 번일 때 : $1+2+4\times23+2=97$
$1+4+4\times23+2=99$
㉠이 짝수 번일 때 : $2+1+4\times24=99$
따라서 ㉠＋㉡＋㉢의 값이 100보다 작은 자연수 중 가장 큰 수는 99입니다.

20 크고 작은 각을 찾아보면
각 1개 : ㉮, ㉯, ㉰, ㉱
각 2개 : (㉮＋㉯), (㉯＋㉰), (㉰＋㉱)
각 3개 : (㉮＋㉯＋㉰), (㉯＋㉰＋㉱)
각 4개 : ㉮＋㉯＋㉰＋㉱
모든 각도를 더하면
㉮×4＋㉯×6＋㉰×6＋㉱×4이므로
㉮×4＋㉮×2×6＋㉮×3×6＋㉮×4×4
＝㉮×50
㉮×50＝750°에서 ㉮＝750°÷50＝15°입니다.
➡ (각 ㄱㄴㄷ)＝15°＋15°×2＋15°×3＋15°×4
＝15°×10＝150°

21 영수는 1분에 120 m씩 가고 지혜는 1분에 80 m씩 가므로 두 번째로 만나는 데 걸린 시간은
$2+80\div(120+80)=2\frac{2}{5}$(분), 즉 144초입니다.

22
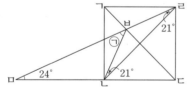

(각 ㅂㄹㄷ)＝90°－24°＝66°
(각 ㄴㄹㄷ)＝45°이므로
(각 ㅂㄹㄴ)＝66°－45°＝21°
삼각형 ㄴㅂㄹ은 이등변삼각형이므로
(각 ㅂㄴㄹ)＝21°이고
(각 ㅁㄴㅂ)＝90°＋45°－21°＝114°입니다.
따라서 (각 ㉠)＝180°－(24°＋114°)＝42°입니다.

23
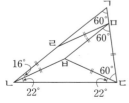

선분 ㄱㄴ과 선분 ㄹㅁ에 각각 평행하게 선분을 그어 평행사변형을 그리면 (각 ㅂㅁㄷ)＝60°이고,

선분 ㅁㅂ과 선분 ㄹㄴ의 길이가 같으므로 삼각형 ㅁ ㅂㄷ은 정삼각형입니다.
(각 ㅂㄷㅁ)＝60°이므로
(각 ㅂㄷㄴ)＝(각 ㅂㄷㄴ)
＝82°－60°＝22°,
(각 ㄹㄷㄴ)＝38°－22°＝16°입니다.
따라서 각 ㄱㄹㅁ의 크기는 각 ㄹㄴㅂ의 크기와 같으므로 16°입니다.

24 세 수의 합이 각각 같도록 하려면 꼭짓점에 놓이는 세 수의 차가 일정하도록 놓아야 합니다.

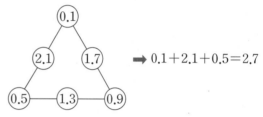
➡ $0.1+2.1+0.5=2.7$

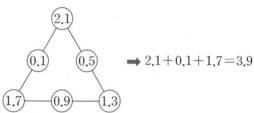
➡ $2.1+0.1+1.7=3.9$

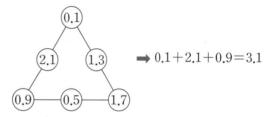
➡ $0.1+2.1+0.9=3.1$

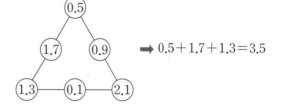
➡ $0.5+1.7+1.3=3.5$

25 (1) 세로의 점을 연결하여 둔각삼각형을 만들 수 있는
경우 :

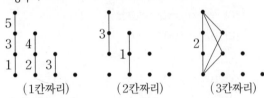

(1칸짜리)   (2칸짜리)   (3칸짜리)

(1칸짜리)   5＋3＋4＋1＋2＋3＝18(개)

(2칸짜리)   3＋1＝4(개)

(3칸짜리)   2개

➡ 18＋4＋2＝24(개)

(2) 가로의 점을 연결하여 둔각삼각형을 만드는 경우
는 세로의 점을 연결하여 만드는 경우와 같으므로
24개입니다.

(3) 대각선의 점들을 연결하여 둔각삼각형을 만드는
경우 :

1칸짜리 : 4개   3칸짜리 : 1개

➡ 4＋1＝5(개)

따라서 만들 수 있는 둔각삼각형은 모두
24＋24＋5＝53(개)입니다.

올림피아드 왕수학
정답과 풀이
4학년